iモード事件

松永真理

角川文庫 12059

iモード事件

いつの頃からか、ｉモードの生みの親と呼ばれるようになった。

その度に、首を傾《かし》げながら「私ひとりが生んだわけではありませんから」と訂正を入れる。

「では、開発者ならいいですか？」と、畳みかけるように聞かれる。

記者としては、この人が何なのかを書かないことにはインタビュー記事が成立しないのだから無理はない。

「あ、はい。開発といってもいろんな人が関わってできたものなので、これもひとりでやったわけではありませんから……」

私の答えは、とたんに歯切れが悪くなる。ｉモードのことなら私は語り部として滔々《とうとう》と何時間も話すことができる。しかし、「生みの親」とか「開発者」とか呼ばれると、いつも据《す》わりの悪さを感じてしまい、急にトーンダウンしてしまうのである。

「日経ウーマン」がミレニアムを記念して企画した「ウーマン・オブ・ザ・イヤー2000

0」の第一位に選ばれたときも戸惑った。まだHTMLを書いたこともない人間が「iモードの開発者」として個人名で出てしまっていいのだろうか。文字が書けないのに、芥川《あくたがわ》賞を受賞するようなものである。

「ね、どうしよう、私がウーマン・オブ・ザ・イヤーだって。笑っちゃうよね」

ランチを食べながら一緒にiモードを立ち上げた女性たちに話したところ、喝采《かっさい》が起こった。

「真理さん、それはいいですよ。HTMLが書けないITの開発者なんて、真理さんぐらいしかいませんからね。それに、私たちにとっても嬉《うれ》しいな。これだけ皆でドロドロになるまでやってきて、こうやって社会から認知されると親も安心するし、友達にも自慢できますから。ウーマン・オブ・ザ・イヤーのそばで仕事してるって。その人が携帯電話も使いこなせないとは、言いませんから」

そうか。「生みの親」なら人数が限定されるが、「開発者」なら何人いてもいいのだから、開発者という鎧《よろい》ならまとってもいいのかもしれないと思うようになった。あくまでもiモードを社会に認知してもらうための、自分の役回りとしてである。

私が二十年つとめたリクルートを辞めてドコモに転職したのは、まさにiモードという新しいサービスを開発するためだった。コンテンツの開発をやってほしいと言われて移ったとき、私に明確なビジョンがあったわけではない。これならいけそうだという確信があったわけでもない。新しいメディアを立ち上げるという話に、面白そうじゃないと感じたに過ぎなかった。

ところが、iモードが広がるにつれて今度はこんな質問を受けるようになった。

「メガヒットすると、最初からヨミがあったんですか？」

「IT革命を起こそうと、ドコモに移ったんですか？」

私を少しでも知る人なら、私がいかにITからほど遠い人間かはすぐわかる。隠しようにも隠しきれないほど、全身がアナログでできている。IT革命なんてそんな大それたことは、端《はな》から思ってもいなかった。むしろ、気がつくとiモードだった、というのが私の偽らざる思いである。

私は人に請われてドコモに行って、そこでiモード開発という現場に、偶然にも遭遇した。それはまるで『不思議の国のアリス』のように、図らずも異界への使者として選ばれ、未知の世界でのできごとに巻き込まれてしまったのと似ている。

iモード――。それは私にとって事件、だったのである。

四二歳のとらばーゆ

そっとドアを開け、地下に向けての階段を降りると、すぐに何組かのカップルが目に入った。飯倉のイタリアン・レストラン「キャンティ」のテーブルは赤と白の格子柄のテーブルクロスで覆《おお》われ、片隅に置かれたランプが、恋人たちにふさわしい雰囲気をかもし出している。

榎啓一と初めて会ったのは九七年の三月十二日だった。陽差しは春を感じさせながらも夕方になると肌寒さが残っていたが、約束の時間に少し遅れて到着した私は、店に入ったときにはわずかに上気していた。

周りを見渡すと、奥のほうから手を挙げる橋本雅史の姿が目に入った。彼の手前には、濃紺の背広に白いシャツの男性と、グレーのスーツに身を包んだ四十代らしき男性の姿が見える。男性ばかりの三人は、この店の空気にそぐわず、彼らのいる空間だけが店のほかの場所から切り離されているようだった。

一番最後に席に着くことになった私は「お待たせしました」と呟《つぶや》きながら、橋本のいる場所に歩いていった。

その日私は大蔵省の課長の「面接」を受けてきたばかりだった。

「大蔵省の課長が真理ちゃんに会いたいと言っているんだけど、時間を取ってくれないかなあ」

知り合いにこう言われ訪れたものの、あとから考えると、それは政府の税制調査委員になるための面接試験とも言えるものだった。そんな堅苦しいものとは露知らず、私は気軽な気持ちで出かけていた。

「松永さんは、海外のご経験は」

「はい、出張なら年に何回か」

「そうではなく、海外駐在とか留学経験ということですが」

「いえ、もっぱら国内にいて時々取材に出かける程度です」

「それでは特に詳しい国や地域はありますか」

「いえ、ありません」

こんな質問に、面接の理由さえよくわからないまま応《こた》えた私は、官庁街の堅苦しい場所から逃れられてほっとしていた。

それにしても橋本に会うのは何ヶ月ぶりだろうか。橋本は熊本で印刷会社サンカラーを経営している。

六年前、『鄙《ひな》の論理』（細川護煕《もりひろ》・岩國哲人《てつんど》著）を読んだ私は、熊本の若手経営者の活躍を確かめようと現地を訪れたことがある。橋本とはそのとき知り合い、以来彼は「真理ちゃん、真理ちゃん」となにかと可愛《かわい》がってくれる。

彼は創業以来、増収増益を続けるやり手の経営者で、たとえば彼の会社で選挙用のポスターを刷った候補者は落ちないと言われている。

「落ちるような人のポスターを請け負ったら、ポスター用の費用は払ってもらえなくなるから」

橋本の言い分は単純なものだが、その無造作な言葉に動物的な勘で人を見抜き、経営を支えてきた自信が垣間見える。

その橋本から電話がかかってきたのは、十日前のことだった。

「真理ちゃんに紹介したい人がいるんだけど、時間取ってくれない?」

「橋本さんの頼みなら断れないけど、紹介したいってどんな人?」

「NTTドコモってあるじゃない。そこの榎さんという部長なんだけど。その榎さんが真理ちゃんに是非にと頼みがあるらしいんだよ。それからもう一人、外資系のコンサルタントをやっている会社があるんだけど、MBAっていうの、アメリカの修士か博士か知らないけど、そういうすごいのを持っている人たちが集まっている会社があるでしょ。そこの人も一人来るみたいだけど」

そのあと彼は、二人を表す言葉を熊本弁でこう付け加えた。

「まあ二人とも東大とか早稲田の理工とか、頭はよかばってん、話は面白うなかさ。そこんとこは、真理ちゃん覚悟しとってね」

その「面白うなか人」の早稲田のほうが榎。もう一人の東大が横浜信一だった。橋本が熊本弁で言いたいことをずけずけと言うのとは対照的に、榎は物腰の静かな紳士だった。四十代後半の二人は世代が同じとはいえ、育った環境もかもし出す雰囲気もまったく違っている。

榎が熊本に勤務していたとき、橋本は毎晩のように酒を飲みながら榎に「薫陶を施した」そうである。

「NTTは警察の組織と同じように、Aチャンと呼ばれるキャリアとノンキャリアに厳然と分けられている。Aチャンが出世していくのはノンキャリアにとっては面白うない。その気持ちを払拭《ふっしょく》するのは、Aチャンがさすがだという仕事をしたときだけだよ。だからさあ、榎さんもそういう人の気持ちをわかる人になってよ。さすがAチャンと言われるような仕事をやってみせてよ。そうじゃないとノンキャリアは浮かばれないからさ」

接点などどこにもないように見えるこの二人が、それも酒をあまり飲まない榎が、毎晩のように橋本の酒につきあう。ドコモに関する私の七不思議のひとつだったが、榎は苦境に陥ったとき、橋本に何度も助けてもらったと言う。

私に白羽の矢を立てたのも、「僕にとっては兄貴とも先輩とも言える橋本が推薦する人物だからこそ」だったそうだ。

席に着いた私の目の前には濃紺のスーツに白いシャツ、ブルーのネクタイを締めた横浜が座っている。彼はマッキンゼーに入る前は通産省にいたというエリートだ。

「どうですか。お役所からとらばーゆして。お仕事は面白いですか」

私は早速「取材」を始める。永年、転職雑誌の編集長を経験した身としては、話はどうしてもそこに行く。そのときはよもや私が転職する羽目になろうとは夢にも思わなかったが。

初対面の榎の印象は薄い。

橋本という強烈な個性の持ち主が場をさらったせいもあるが、榎自身、初対面の場で強烈に自分をアピールするタイプではないのだろう。

雑談が途切れる合間を待っていたように、榎が口を開いた。

「携帯電話に液晶画面がありますよね、この画面を使って五十文字の情報を配信しようと考えているんです。松永さんに、ここに載せるコンテンツ（情報の中身）を考えていただきたいんです。（ドコモに）来ていただけますよね」

私は驚いた。

「ドコモに来ていただけますよね」という言葉は、もしかしたら転職ってことなんだろうか。橋本からは、そんな話は一言も出なかったが。

そのとき私は携帯電話を持っていなかった。それどころか携帯電話は好きではなかった。人と会って話していて、どうして目の前の人間をないがしろにして、その場にいない人との会話に入っていけるのか、その神経を快《こころよ》く思っていなかった。

加えて「ワークス」の編集長をやっていたときの、こんな苦い経験もある。

ある大学教授と食事していたときのことだ。

その席には、教授のファンだという同じ職場の若い男性社員が同席した。話が盛り上がっていたとき、携帯電話が鳴り、彼は慌《あわ》てて出ていった。数分後席に着いた彼の携帯が再び鳴った。一度目はマナーモードに切り替えていなかったということで、まだ許されるかもしれない。けれど二度目となると――。座は完全にしらけきっていた。

「あなたが会いたいと言ったから声をかけたんじゃない。せっかくの教授との時間をあなたは台無しにしたのよ。教授もかなり気分を害されたわよ」

教授と別れたあと、私は彼を叱《しか》った。

たとえ大切な仕事の電話にしても、それは都合のいいときに呼び出される「電子の鎖」としか思えなかった。

そんな私が通信の、それも新しい携帯電話を作るためにスカウトされるとは。

当時私は「ワークス」という雑誌の編集長をしていた。兼務として新規事業準備室にも所属し、新雑誌の立ち上げを検討していた。

新規事業の立ち上げを、私は得意としていた。

「とらばーゆ」など、これまでの私は三年に一回は新しい雑誌を創刊している。これから作ろうとしている雑誌はどういうコンセプトで、どんな人に向けて、どんなテイストでやればベストのものができるだろうか。そのためには、どんな人に手伝ってもらえばいいだろう。こんな風に企画を考えているときが、こと仕事に関して一番楽しいときでもあった。

リクルートに入って二十年、私はこの会社によって育ててもらった。元気だけが取り柄だった女の子が、仕事によって息を吹き返し、水を得た魚のように、この会社で泳ぎ回ってきたのだ。

二十代の私は編集者としての基礎体力を身につけようとした。

三十代は、そのキャリアを深めていくキャリアフォーカスの時代だ。英語で仕事をしている人間なら、もうひとつのたとえば会計という分野を持つことで、人材的な価値は上がる。同様に私も編集というスキルにヒューマン・リソース（人材部門）という専門分野を掛けあわせることで、仕事を深める努力をしてきた。

四十代のいま、私は編集という仕事を軸足に、短大の講師をやったりNHKに出演したり、今まで以上に自分のフィールド、可能性を広げてきた。けれど、外部の活動も慣れてしまえばルーティン・ワークと変わりはなく、最初の新鮮さは失われていく。

「このごろの真理ちゃん、マンネリ化してない？　ずっと走り続けてきて、このところちょっと息が切れたって感じよね。でも、休んでるのは真理ちゃんらしくない。また新しいことに再挑戦したほうがいいわよ。それにいまのまま、真理ちゃんがいつまでも編集長という座に居座っていたら、若い人が前に進めないんじゃないの」

いまは大学の先生をしている、かつての女性上司はこう言う。

確かに彼女の言う通りだ。新雑誌の立ち上げ、海外取材、講演、いろんなことをやってきた。自分のやりたいことをやらせてもらってきた。

ここにきて、また新しいことに挑戦したいという気持ちが疼《うず》き始めている。

私は無意識のうちに何か新しいこと、再び胸をときめかせてくれるものを探し始めていた。そういうものがどこかにあるはずだ。でもそれはどんなことなのだろう。

そんなとき「中高年世代向け」の新雑誌創刊の話が社内で起きた。リクルートは、これまで常に二十代、三十代という若い層に向けて情報を送ってきたが、今後この層はどんどん減る傾向にある。やはり中高年世代（リクルートではそれをメロー世代と名づけていた）に向けての雑誌も視野に入れたほうがいいということだ。

「やります」

私はすぐに手を挙げた。

編集長兼務で新雑誌の立ち上げ企画室に参加して間もないのに、今度は外部からの新規事業の話だ。

私の目の前に、いま二つの新規事業が置かれている。ひとつは携帯電話に情報配信するという、ひとつは中高年世代を対象にした新雑誌。もうひとつは携帯電話に情報配信するという未知の分野だ。

上司に相談すると、「冗談だろう」という調子で彼は言った。

「NTT? あのNTT?」

「はい、その関連会社のドコモです」

「あそこは霞が関の許認可事業だよ、電電公社、もとはと言えば逓信省《ていしん》、はっきり言ってお役所だよ」

「はあ……」

「そんなカタい会社に真理ちゃんが務まるはずがないじゃない」

「やっぱり、そう思います?」

「務まらない、務まらない。やめたほうがいいよ」

そのあと彼は続けた。

「もうこれ以上無理することはないんじゃないの。NHKのレギュラーもやってて、政府の税調委員にも選ばれているんだから。真理ちゃんならいまのキャリアで、たとえリクルートを辞めても、短大の講師とか充分やっていけるじゃない。講演依頼も目白押しだし。NTTというのは新卒で入ってこそ、おいしい会社だと思うよ。半分は公務員みたいなものだから、ほら、社宅はあり逓信病院はありで、揺りかごから墓場まで面倒を看てくれるっていうけど、それも子供を生み、育て、社宅に住み、逓信病院で息を引き取ると、長い年月勤めてこその特権だよ。中途で入ってもあまりいいことはないんじゃないの」

「そうですよねえ……」

　榎との会食の翌日、こんな私の元に一枚のカードが届いた。それは榎が贈ってくれたゴッホのカードで、「是非、協力してください」と記されていた。

　仕事の依頼ではあったが、会った翌日すぐに届いたタイミングといい、自筆の言葉といい、そのカードには彼の誠実さと人間的な温かさがこもっていた。

　お役所、それも技術系という榎のお堅いイメージは、これから先徐々に覆《くつがえ》されていくことになるが、それを感じさせてくれた最初がこのカードだった。

　次は二回目に会ったときだった。榎は仕事の話より、むしろ家族のことを多く語った。

「僕には中学生の男の子と高校生の女の子がいるんですが、娘の名前はモンゴメリの『赤毛のアン』からもらったんですよ」

　アンとでもいうのだろうか。

「あんずの子と書いて杏子《きょうこ》というんです」

　なるほど。

「その娘が友達と頻繁《ひんぱん》にメールの交換をしていましてね。一緒に食事をしていても、メールが来たことがわかるとそわそわして、結局は立ち上がって見に行くんですよ。メールが娘の気持ちをこんなに引きつけるのはなぜだろう、なぜあんなに楽しそうなんだろう。それを考えることが仕事のヒントにもなるんです。息子のほうは亮《りよう》といって、『三国志』の諸葛孔明《しよかつこうめい》の本名である亮からもらったんです。はなはだしく(孔)明るい、という意味なんですが、彼は新しいゲームを買ってきてもマニュアルを見ずに操作できるんです。あんな風に簡単に操作できるものを作りたいんですね。僕らの仕事は一般消費者を対象とするコンシューマ・ビジネスですから、お金を稼ぐだけの働き盛りの男性より、まずその人たちの奥さん、子供に受け入れられなきゃだめだと思うんです。特に時代感覚の鋭い若い人の興味を引く情報とはどんなものなのか、そこを松永さんに考えてほしいんです」

仕事一筋のエリートではなく、家族への愛情に満ちた榎の姿勢に、私は好感を覚えた。

しかし「魅力を感じました。辞めさせていただきます」とはいかないのが編集長という立場だ。後任が決まるまでは責任がある。それには次の人事の十月までは待たなくてはならない。

それにいまの私は社内での新しい雑誌に手を挙げたばかりだ。このまま順調にいけば役員への道も遠くない。なによりリクルートは私を育ててくれた会社だ。阿吽《あうん》の呼吸で私の言葉を理解してくれる人たちも大勢いる。慣れた場所の親しい人たち。

　一方は、私の知らない通信の世界だ。やっていける保証もない。時々会議などにゲストとして呼ばれ、顔見知りになったとはいえ、彼らと新しい人間関係を作っていかなければならない。どんな意地悪な人間がいるかわからないまったく未知の世界だ。

　私はリクルートに居続けることのプラス面、いまさら転職することのマイナス面を数え上げてみた。マイナス面をどんなに挙げようと、いや、こんなにムキになって欠点を探し出そうとしていること自体、逆に私が理屈を超えて引かれている証拠ではないだろうか。

「真理さんも、その年齢になれば、これまでの仕事関係の人など、いろんなシガラミがあって、おいそれとは辞められないよなあ」

　心配して電話をくれた橋本は、受話器の向こうで言った。

「今回の話をオール・オア・ナッシングで考えると、真理ちゃんも背負っているものが大き過ぎるから、ここは妥協案として、ドコモのほうは社外アドバイザーということにしたらどうだろう。僕も榎さんに話しておくから」

「アドバイザーかあ……」

　幸いなことにリクルートには「フェローシップ」という制度があった。有名な例としては、たとえば有森裕子がいる。彼女はリクルートに常勤しているわけではないが、リクルートの名前を背負って活躍することで、企業イメージを上げることに貢献する。フェローには誰もがなれるものではないが、「とらばーゆ」で実績を作った私には、その可能性だってある。

もう一つ、日本の企業の大部分は副業を認めていないが、リクルートでは「副業」ではなく、自分の仕事をマルチに広げる「複業」ならオーケーという考えを持っていた。収入目的のものではなく大学の講師やテレビ出演など、自分の業務を広げるものは歓迎するという方針だ。

ドコモの仕事も、いまやっている外部の仕事の延長と考えればいいわけだ。

「いや、それは困ります」

橋本から連絡が行ったのだろう。次に会ったとき、榎は即座にその案を拒否した。

「来ていただくからには、やはりドコモに入社して、フルコミットしていただきたいんです」

あの「紳士然」とした初印象からは想像もつかないほどの厳しさを、榎は見せていた。圧倒されながらも私は、その厳しさに、どこか迷いを打ち消してくれる心地よさをも感じていた。

榎の言葉は、私への覚悟を迫るものであると同時に、榎自身の覚悟でもある。

ドコモでは、それまでの新規事業立ち上げの際に、情報に強い社外の人にアドバイザーとして来てもらっていたが、それは成功したとは決して言えなかった。

中途半端な立場ではなく、松永さん、仕事に関わるのなら、僕たちと生死を共にするくらいの気持ちでやってください。私も、松永真理という一人の人間の後半生を引き受ける覚悟をもって、ドコモに来てくれとお願いしているんです。

私は榎の「いや、それは困ります」という短い言葉のなかにそんな決意を感じ取った。人の覚悟は伝染する。

そうだ、同じやるのなら、社外から無責任な野次を飛ばすのではなく、成功も失敗も一緒に引き受けなくては。

それにこの人は、これからやる仕事へのイメージを明確に持っている。携帯電話の液晶を使って情報を流すことの意味、それが若い人に受けるという信念にも似たものを、自分の子供たちを通して感じ取っている。若い人を魅了できるメディアを、この手で作れるかもしれない。それは何よりの魅力だった。

「NTTなんていう、お堅い会社には真理ちゃんは務まらないんじゃないの」

リクルートの上司はそう言った。なるほど、確かにその通りなのだろう。彼のほうが私の適性を見抜いているかもしれない。

けれど私はドコモという「会社」に入るのだとは思っていなかった。

「会社」に入るというより、私に声をかけてくれたドコモの榎啓一というひとりの人間と一緒に仕事をしてみたいと思い始めていた。

会社に帰ると、私は机の引き出しから榎がくれたカードを取り出してみた。ゴッホの無邪気とも乱暴ともいえる強烈な色彩が、榎の「是非、協力してください」という優しい文字とともに目に飛び込んできた。

「激しさと優しさかあ……」

私は呟《つぶや》いた。

このカードが届いたとき、嬉《うれ》しく思ったことを思い出した。「是非協力してください」。四〇歳を過ぎ、生まれて初めてプロポーズされたような気分だった。三三歳で結婚したものの、私には「プロポーズ」されたという覚えがない。十年も昔のことゆえ忘れてしまったというより、はっきりした言葉で申し込まれたという記憶がないのだ。それだけに人から礼を尽くして懇願されることが、これほど嬉しいものだということを初めて知った思いだった。優しく、しかし毅然《きぜん》と、私を必要としてくれる人がいる。

「私、ドコモに行くことにする」

私が決心を告げると、夫は、気負うことなく賛成してくれた。

「いいんじゃない。先方がそれほど望んでくれるんならやってみれば。面白いと思うよ。それに僕も、中高年向けより通信の方が興味あるなあ」

さすがに彼も、ドコモに入社したあと「情報機器弱者」の私のために、コンピュータ関係の書物を読み、初心者にも理解できるようやさしく噛《か》み砕《くだ》いて解説することになろうとは、そのときは思いもしなかったに違いない。彼が理系であることは心強かった。

決心はついた。十月の人事までにできるだけのことをやっておこう。

そんな矢先、今度は社内で異変が起きた。社長の交代に伴い役員など人事の総入れ替えになったのだ。ドサクサに紛れて、私は六月いっぱいをもって退社を許されることになった。

「いやなことがあったら、いつでも戻ってきていいんだよ。これからいろんな人と送別会をやることになるだろうけど、真理ちゃんのことだから、半年かけて送別会をやっているうちに、再入社の歓迎会になるかもしれないね」

上司はこんな言葉で、私の退社を残念がってくれた。

「ドコモから話が来て、まだ三ヶ月だろ。すべて真理ちゃんが新しい仕事に就くようにと進んでるじゃない。これは次の仕事もうまくいく証拠だよ」

これ以上のはなむけの言葉があるだろうか。彼の言葉を聞いているうち、私はこんないい上司ともう一緒に仕事できないんだと、一瞬胸が痛んだ。でも、と私は思った。でも私はリクルートを退社するんじゃない。いまやっとリクルートを卒業して、新しい世界に出ていくのだ。

「あなたは十年ごとに大運が訪れるよ。二二歳、三二歳、四二歳、そして五二歳だね」

かつて、連載していた占いの先生にこんな「予言」をされたことが思い出される。そのすべてが当たっていたことも。二二歳のとき就職してギアが入り、三二歳のときには思いがけず結婚相手と出会えた。どう見ても家事能力に欠け、結婚には不向きだと自覚していたにも拘《かか》わらず、である。

そしていま、再び転機が訪れようとしている。

転職が決まったあと、親しい友人にそれを告げると彼は、開口一番言った。

「えっ、『とらばーゆ』の編集長がとらばーゆするの?」

四二歳の転職。そう、それは確かに大きな賭《か》けでもあった。

圧迫面接

「サーフィン情報を流したいですね」

「たとえばどんなサーフィン情報ですか」

「いまから行く海の波の高さや気温といった情報です」

榎と横浜の前に座った男性は、横浜の質問に対し、こう応《こた》えた。

面接の主旨は「携帯電話に関する新規事業を起こすのですが、あなたはどんなことをやりたいですか」というものだ。

即席に作られた面接室ではこれまでに七人の面接を終え、外にはまだ五人以上の候補者が並んでいる。

法人営業部長の発令と同時に榎が大星公二社長（現会長）直々の社命を受けたのは、面接を行うおよそ二ヶ月前、九七年の一月のことだった。

「新しい仕事だから部下はいない。適任者は自分で探せ」

社長の言葉は、つまり榎一人で新しい事業を起こし、それを成功させろということを意味している。

「無茶苦茶ですよねー」

榎は当時を回想してこう言うが、確かにそのときの榎の胸中は察するに余りある。

「法人営業部というのは、その名前の通り、法人（企業）を対象とした営業活動、ビジネス・マーケティングの最たるものなんです。その部に携帯電話を使ったビジネスをやらせようなんて、大胆な発想だよね。つまり僕は、携帯電話というのは一般のユーザーを対象にしたコンシューマ・ビジネスだと思っていたから」

当時の携帯電話を使ったデータ通信は、ビジネスの場でこそ使われるものだと考えられていた。ところが、榎は自分の娘や息子がポケベルやＰＨＳなどを気軽に使うのを身近で見ていたから、携帯でメールのやり取りをするのは、子供を含めた一般の人が使うものという、当時としては「進んだ」認識があった。自分の息子がやっているマニュアルを見ないでもできるゲームのように、情報の入手も簡単な操作でできるようにすれば、必ず若い人にも受けるという確信だ。

「子供も使う」

いまでこそ当然の発想だけど、ドコモとしてはそれまで若手ビジネスマンをメイン・ユーザーとしていたことを思い出してほしい。この一般ユーザー向けという発想は、当時は社内だけではなく社外の人にもなかなか理解されず、私たちの部はその都度《つど》大きな壁にぶつかることになる。

「新しい仕事だから部下はいない。金は使ってもいいから適任者を自分で探せと言われたけど、これも乱暴ですよね。でも携帯でメールを打つというのは受けるという確信に似たものは感じたんです」

けれど、既存の組織の責任者になるのとはまったく違う。新しい事業を起こし——部員はいない——それを成功させなければならないのだ。

ドコモはそれまでにも、携帯電話でデータ通信する「ＤｏＰａ（ドゥーパ）」などを開発していたが、それらは決して成功したとは言えなかった。

「これまで失敗しているのだから、今度失敗しても首にはならないだろう。（失敗しても）最低限、妻子を養っていければいいだろう——」

榎はそのときの気持ちを「五里霧中」と述べる。「失敗しても妻子を食べさせていければいい」とは言うが、その言葉は逆に当時の榎の先の見えない不安の大きさを思わせる。霧のなかであろうとなかろうと、社長命令であればサラリーマンとしては、とにかく進まなくてはならない。

協力者として、この新規事業を社長に提案した外部のコンサルタントであるマッキンゼーが加わった。

担当を任されたものの、道筋が見えている訳ではなく、何よりまず人材を確保することが急務だった。

ドコモにとっては初めての試みとなる社内公募には、四十人の応募者があった。その中から論文を提出した二四人全員を、二日に分けて面接する。

面接は榎とマッキンゼーの横浜の二人で行うことになった。

人事部からは「どうして外部の人間が面接をするの」と質問とも抗議ともつかない言葉が発せられたが、榎の「まあ、社長がやれと言っているんだからいいじゃないですか」の一言で、人事もしぶしぶ納得したという。

普通なら問題になることでも、社長命令で、この部に関してはすべての権限が榎に任されている。ただし、失敗した場合の責任はすべて榎が取らなくてはならない。

人を集めるに当たって、榎は二つのことを肝に銘じた。

そのひとつは「本当に新しいことに挑戦したい人間」だ。

「新しい場所に行きたいと思う人には二種類いるんです。現在の場所から逃避したいがために新しい場所を望む人と、新しいことに挑戦したい人ですね。成功の条件は、もちろん新しいことをしたいという意欲を持っている人をいかに見極めるかですね」

二つ目は「ストレス耐性の強い人間」である。

「新規事業をやるときには、何が起こるかわからない。負荷がかかった場合にぽきりと折れてしまっては困るから、臨機応変に対応できるかどうかの能力を試すんです」

これにはマッキンゼーが人を採用するときに使っている面接方法が役立った。圧迫面接というやり方だ。

圧迫面接とは、面接者にある案件を与え、その答えに対し次々と追及していき、相手を追い詰めていくやり方だ。

たとえば、「どんなことをやりたいか」という問いを与えたとき、「こんなことをやりたい」と相手は答える。ではそのためには具体的にはどんな方法があると思いますか。それをやるためには何を解決しなければならないかという風に、どんどん追い詰めていくのだ。人にプレッシャーを与える、つまり圧迫していくことで、相手がどのくらいストレスに強いかを試していく。

その場合、すべてに対しまっとうな答えを出す必要はない。うまく身をかわしたり撥《は》ね返してもいい。場合によっては知らん顔でとぼけたり、反対に聞き返してもいい。要はその対応の仕方から、柔軟性がどのくらいあるのかを見ていくのだ。

マッキンゼーの採用試験では、この「圧迫面接」を延々一時間から一時間半くらいはやるそうだが、今回はせいぜい二十分くらいである。それでも慣れない人間にとっては相当のストレスだったと思う。

この面接は榎自身が「新しい携帯電話」のイメージを明確にする場でもあった。それまでの榎は茫漠《ぼうばく》としたイメージしかなく、面接者の質問に応えるうちに、徐々にはっきりしてきて、面接が終わる頃には立派な絵が描けていたという。榎にとっても、この面接は、単に人を選ぶだけでなく、事業のイメージを形作る大事な一過程だった。

この圧迫面接に耐えて入ってきたのが、笹川貴生と栗田穣崇《しげたか》を含む五人だった。

「サーフィン情報を流したい」というアイデアを出したのが笹川だった。

「ではそれをどういう方法でやりますか」とマッキンゼーの横浜の質問は続く。

「ポケベルか携帯ですね」

「その情報はどこからもらいますか」

「全国にあるサーファー・ショップからもらうというのはどうでしょう」

「サーフィン情報といっても、波の高さといったものから、売れ筋商品までいろいろありますが、そのなかでどれが一番だと思いますか」

「それはまずマーケティングをかけて調べる必要があると思います」

笹川は丸の内支店の販売担当からやってきた。彼は、論文で自分をこう売りこんでいる。

「私は新しい業務を遂行するための三つの力、『問題提起力』『問題解決のための創造力』『熱意』があります。ドコモ色に染まっていない若い頭脳が必要ではないでしょうか。磨けば玉の私を法人営業部で磨いていただけないでしょうか」と。

千葉支店から来た栗田はゲーム歴こそ幼少の頃からと長いが、パソコンを始めたのはこの一、二年だという。千葉支店のLAN（ローカル・エリア・ネットワーク）の構築、つまり支店にある複数のコンピュータを繋《つな》いで社内の情報共有を図るよう命令され、そのときから勉強し始めた人間だ。

人選し終わったあと、集まったメンバーがある傾向を示しているのに、榎は気づいた。

「まっ、一言で言えば、変な人間というか個性的な人間を採ったということですね。人には平均的なことを間違いなくやれる人物と、その平均から大きく外れている人間がいる。人事部などが採用するのはこの真ん中の人間だと思うんですが、僕はそこから外れている、それがマイナスの方向なのか、プラスの方向なのかはわからないけど、とにかく外れている人間を採った。新規事業には、こういう人間のほうが向いているんですね」

「その点、真理さんはドコモにとってはエイリアン、人事部、総務の人にとっては未知の遭遇《そうぐう》というくらいのインパクトがあったと思いますよ。こういう人はこれまでNTTにもドコモにもいませんでしたから。それにストレス耐性も優れていましたよね」

榎はこう言うけど、いやいや、私だっていまにも折れそうになったときが何度かあった。

そのひとつが技術用語だった。

そんな私を助けてくれたのは栗田だった。技術部のデジタル語をアナログ語に翻訳してくれるモデム（デジタルをアナログに翻訳する機器）の役を果たしてくれ、技術系の人間と渡り合ってくれたのだ。

なぜ彼は、懇切丁寧に、技術部の言葉を翻訳してくれたのか。栗田の提出した小論文を見たとき、私は深く、深く納得したものだ。

その論文には、自分のパソコン歴はまだ短く、独学をした結果その素晴らしさに目覚めたと述べたあと、こう続けていた。

「初めてパソコンに触れたとき、パソコンに関しては、その説明書だけではなく関連本でさえ、簡単なことでもわざと難しく説明してあるように思えてならなかった。基礎からのパソコンといった本もあったが、私にいわせれば基礎どころではなかった。基礎の基礎の本が初心者には必要だ。技術や情報ばかりが先行して一部の人間しかついていけない。私自身、専門的にパソコンを勉強してきた人には技術や経験では及ばないが、つい最近まで素人だっただけに、素人の立場にたてる点が私の強みではないかと思う」

「素人の強み」

技術的なことに疎い私に、あれだけ忍耐強く、子供にもわかるように教えてくれたのは、彼自身がパソコンやその説明書と格闘し、その難解さをいやというほど感じていたからだ。

ハイエンド系向けではなく一般のユーザー向けに、というiモードの開発コンセプトは、榎の「子供にも使えるものを」という考えと、栗田の「素人の立場」という土壌があってこそ発展させられたのだと、いまにして思う。「バリアフリー」は身体《からだ》や心だけではない。「知識や情報」といった分野にも必要なのだ。

笹川、栗田の二人は同期入社で、当時まだ入社二年目の二四歳だった。彼らが入社したときのドコモという会社は従業員二千人と、規模的には決して大企業ではない。入社のための競争率も決して高くはなかった。笹川は入社当時「もっと大きい会社に行けば」と親《しん》戚《せき》筋からは勧められたという。

笹川はのちにIP（インフォメーション・プロバイダーの略、情報提供企業）担当として、お堅い金融系を担当することになるが、財団の御曹子《おんぞうし》である彼は我々庶民とはかけ離れた「常識」で、私を大いに笑わせ楽しませてくれた。

企画会議でのことだ。

「ディズニーランドに行ったとき、次に乗りたい乗り物の待ち時間がリアルタイムにわかるといいよね」

「あっ、それいい。そういう遊びの企画が受けたりするんだよ」

それまで黙っていた笹川が口を挟《はさ》んだ。

「ディズニーランドを運営しているオリエンタルランドに知り合いがいますから、早速アポを取って、企画を持ちこんでみますよ」

なかなか積極的で、いいじゃないか。

ある日、笹川が知らせてくれた。

「アポが取れました」

「やったじゃない」

「はい。オリエンタルランドの社長なんですけど」

「知り合いって、社長のこと？」

「はい、そうです」

ほかのメンバーは啞然《あぜん》、呆然《ぼうぜん》とした。

「笹川君。企画は社長と詰めていくわけじゃないんだからさ」

「そうなんですか……」と笹川。

ちょっとかけ離れた笹川ではあった。

そんな無邪気な笹川も応募した当時は、「本流からはずれるのでは」という不安もあったと言う。親しくなってから、こんな不安を白状した笹川に私は言ったことがある。

「だったら、ここが本流になるように頑張るしかないじゃない。それに賭《か》けるしかないわね。私はいままで陽の当たるところに行こうとしたことはないのよ。行ったところを陽に当たるようにしようと頑張ってきたのよ」

その読みは見事当たったわけだが、かくのごとく、当時はメンバー全員、四方八方霧に覆われ、先が見えないなか、榎という隊長を信じて進むしかなかったのだ。

笹川と栗田はコンテンツ企画担当となり各企業に情報の提供を求めて渡り歩くことになる。技術者の矢部俊康はサーバー構築を担当する。そのヘッドには四十代後半の川端正樹がNECから出向して任に当たることになった。

ところが技術畑の企業であるドコモには、情報に関するスペシャリストがいない。

新規の事業にはコンテンツこそ大事だと考えていた榎は、情報に強い人間を探すようマッキンゼーに頼んでいた。

「わかりました」とは答えたものの、マッキンゼーはどうしても適任者を見つけることができない。

新しいプロジェクトには、情報部分のピースだけが欠けていたのだ。

さまざまな人材に当たり、協力してくれる人を探したがなかなか適任者が見つからない。

困った榎は橋本に相談し、私にお鉢が回ってきたというわけである。

榎のこの人集めの話を聞いたとき、私は『七人の侍』という映画を思い出した。

製作されてから半世紀が経ったいまも、日本映画の歴史のなかで、いや世界のなかでも常に上位に選ばれる映画だ。黒澤明監督が逝去したとき、この映画を再び観た私は、前には気づかなかったことに気づいた。

それは、この映画の前半は「リクルーティング」に終始するということだ。

最初は農民が自分たちを助けてくれる浪人を探す。やっと腕と機転が利き、その上情の深そうな勘兵衛（志村喬）を見つけるが、彼は農民の頼みを言下に断ってしまう。ところが彼らの窮状を肌で感じる場に居合わせた勘兵衛は、「報酬は飯を腹いっぱい食わせる」だけという最低限の「契約」にも拘《かか》わらず、命を懸けた仕事を請け負う。農民に代わり今度は勘兵衛が中心となっての助っ人探しだ。こうして集まってきたのが『七人の侍』だった。

新しい事態に臨むとき、まず必要なのは人材を集めることだ。

その重要さが四十五年も前の（奇しくも私の生まれた年の製作だ）映画に克明に描かれていたのは、新しい驚きだった。因《ちな》みにこの映画を製作したとき、黒澤明は四二歳、私がドコモにスカウトされた年齢と同じだった。

「この人集めはジグソーパズルをやるような感覚でしたね」

榎はこう言う。つまりこの新規事業を成功させるために、どんなピースをどこに嵌《は》めればいいのかということはわかっていたということだ。

明確な「絵」が見えていない限り、正しいピースを嵌めることはできない。けれど、私のピースには隙間《すきま》があった。それを埋めてくれたのが、あとで登場する夏野剛だ。

榎が勘兵衛だとすると、さしずめ私は千秋実演じる平八といったところだろうか。剣の腕より薪《まき》割りのうまさでスカウトされた平八は、ほかの侍に「腕のほうは頼りにならぬが、明るいのが取り柄、苦しいときには重宝だと思う」と言われる人物だ。まったく技術的なことは「頼りにならぬ」私にぴったりの言葉ではないか。

iモードが成功したあと、榎は他の大企業の役員たちに、何度か質問されたことがある。

「外部の人間を入れると社内の人たちと軋轢《あつれき》を起こしてうまくいかないケースのほうが多いんだけど、iモードの場合、どうしてそんなにうまくいったんでしょう」

新しい商品を作るために外部の優秀な人材を投入したいという意識は、企業の幹部は持っていると思う。ところが、外部の人間が入ると、社風が合わない、この会社のことを知らな過ぎるとの理由から、どちらもストレスが溜《た》まりこそすれ、なかなかうまく歯車が嚙《か》み合わないという。

iモードの場合、なぜそれができたのだろうか。さまざまな要因はあるけど、そのひとつを考えたとき、私は再び『七人の侍』を思い出す。

リーダーでもある勘兵衛が人集めの次に行った作戦は、村を野武士から守るために、その出入り口を封鎖することだった。封鎖することで、外から襲ってくる野武士イコール異見を遮断できた。もちろん内部でも揉《も》め事は起きる。それでもうまくやっていけたのは、集まったプロたちのプライドを賭けた成功への強い目的意識と、それをまとめる榎の強力なリーダーシップがあったからだ。

当時の私は、ひたすら自分のやることだけを考えていたが、それは社内の反対や疑心暗鬼を、榎が堰《せ》きとめてくれていたからだった。

あるとき、経営幹部が集まる会議で、「こんな小さな液晶ではよく見えないじゃないか」という反論が出たことがある。

そのとき、榎は言ったそうだ。

「今度開発する携帯電話はこのテーブルに座っていらっしゃるような層をターゲットにしていません。皆さんのお子さんたちに照準を合わせているんです」と。

さまざまな反論は私の耳にも聞こえてはきたけれど、動揺することはなかった。少なくとも私は、これまでのNTT体質やドコモ体質から自由でいられた。最初はともかく、思いきり発言し、思ったことを実行できた。

渦中にいるときは、目の下に何度も隈《くま》ができる、常に戦闘態勢にあるためか慢性の睡眠不足に悩まされるで、地獄にいるとしか思えなかった。

けれど、あの場所は榎が作り出してくれ、若手が風除《よ》けになってくれた一種のユートピアだったのかもしれない。

成功したからこう思うのではない。三年間というものひとつのことに没頭し、無我夢中になることに出会えた快感は、何ものにも代えがたかった。

議論は平行線のまま

外部の私から見ると、それは異様な集団だった。

片や濃紺のスーツに身を包んだ、働き盛りの三十代でバリバリ音がするようなビジネスマンがずらりと並び、黒板に向かい講義している。片や二十代の、学生と言っても通るTシャツ姿の栗田に、四十代後半の川端や榎といった「おじさん」、そして同じく四十代ではあるが、間違って飛び込んできたと思われても仕方がない場違いな雰囲気の私こと松永。一方は濃紺のビジネスス―ツ、もう一方は思い思いのいでたちの集まり。二つの集団の境目にはくっきりと線が引かれている、ように私には見えた。

私と榎が出会ったすぐの四月、この新しい組織は「ゲートウェイ・ビジネス担当」と名づけられた。まだ独立した組織ではなく、法人営業部の所属である。ゲートウェイとは、入り口という意味で、情報の玄関になろうという意志を表してもいる。

まだリクルートに所属していた私は、ドコモが行う定例会議にときどきゲストとして呼ばれ、出席した。他の出席者は榎と若手五人、川端、それにマッキンゼー軍団四人だ。マッキンゼーの横浜が主導を取っての会議だった。

喋《しゃべ》るのは、濃紺軍団ばかり。彼らの雇い主であるドコモ側からは、ほとんど意見が出てこない。

なぜ、外部の人間であるマッキンゼーが会議の主導権を握っているのか。なぜ、ドコモの人間は榎以外は誰も言葉ひとつ発することなく、彼らの話を黙って聞いているだけなのか。

なぜ、マッキンゼーの話す言葉は英語の単語ばかりで、日本語をつなぎとしてしか使わないのだろうか。

「きょうのアジェンダは、オンディマンド型サービスをユーザーにどうアピールするかのストラテジィを考えるもので、アペンディックスに関するデータは云々《うんぬん》かんぬん。では次のアベーラブルな日程を教えていただきたいと思います」

アジェンダ＝協議事項、アベーラブル＝可能な日程を教えろということか。頭のなかで翻訳しているうちに議題はどんどん進んでいく。ちゃんと理解できるよう、正しい日本語で話してほしい。

「川端さん、私どうしよう、彼らの喋ってることぜんぜんわからないんだけど」

私は隣の中年男性、川端に囁《ささや》いた。

「いや、わかりませんなあ、僕もほとんど理解できませんよ」

川端は、ドコモにコンピュータのわかる人がほしいといわれ、NECからゲートウェイ部にやってきたものの、あくまで実践の人、理論に弱い私の同類らしい。

私たちの会話を濃紺が聞きとがめた。

「真理さんはともかく、川端さんがそれでは困りますよ」

川端のために言っておくと、彼は技術的なことがわからなかったのではない。マッキンゼーの言葉が通じなかったのである。私はと言えば、無論両方ともわからなかった。

見るからに人の良さそうな「おじさん」である川端がいたことは、私には救いだった。

iモードを立ち上げるまでの二年間にはさまざまな悲喜劇があったが、彼も最初の一ヶ月で降参の白旗をあげたことがあった。

「榎さん、とてもついて行けませんよ、私は。NECに戻してくださいよ」

「まあ、そう言わず肩の力を抜いてボチボチやりましょうよ」

榎はこう言って引きとめたそうだ。

榎の言葉とは裏腹に、社長からのオーダーであるこのプロジェクトは、とてもぼちぼちやるようなものではなかった。毎週の経営会議のたびに「榎君、サービス開始はまだかね」という社長の励ましは、期待されているというプレジャー（喜び）より、プレッシャーを強く与えていた。

社長というのは、リーダーを任命し組織さえ作れば、翌日にもサービスは立ち上がると思っている。特に大星はそうだった。

月曜日の朝から毎週のように榎は「まだか」「まだか」と攻撃を受けながら、それでも現場にはそのプレッシャーを持ちこまず、余裕を漂わせるようにしていた。スピードが重要なプロジェクトでも、人の気持ちが萎《な》えているときに「頑張れ、頑張れ」と鼓舞《こぶ》するのは逆効果であることを、現場の指揮官として一番よくわかっていたからだ。

「気負わずにやりましょうや」

川端は榎からこういう内容の長いメールをもらったという。

「嬉《うれ》しかったですね。あったかい人だなと思いましたね」と川端は述懐した。

以来、どんなに大変な場面に遭遇しても、川端が弱音を吐くことはなかった。不安な場面に出会うたび、口元を一文字に結び、下腹に力のこもった声で一言「やります」と応《こた》えた。その低い声の響きは、私をはじめとするメンバーの心にある安心感を持って広がっていったものだ。

マッキンゼーという外部の人間が、なぜ会議の主導権を取っているのか。

その謎《なぞ》が解けたのはしばらくしてからだった。

最初にこの新規事業を提案したのは、前にも述べたようにこの経営コンサルタント会社である。彼らは、最初の手がかり足がかりとして「新しい携帯電話」のイメージを描いていた。

アメリカに本拠地を置くマッキンゼーは、世界中の一流企業の経営コンサルタントをするため、持っている情報量は豊富だ。彼ら自身が独自に持つネットワークを生かし、欧米で行われている通信の形態を研究し尽くしている。

最新の技術や各国の通信事情といった初歩的な知識を講義しながら、最先端の通信の事情に疎いドコモの社員――なにしろメンバーは皆さまざまな部からの寄せ集めだ――を啓《けい》蒙《もう》しようとしているのだ。

けれどいかんせん、外資系企業である彼らの語彙《ごい》は難解を極めた。

日本語より英語の多いボキャブラリ。「ロジック・ツリー」だの「ミーシー」だの、わけのわからない語彙がどんどん出てくる。これらはアメリカの経営学修士取得者特有の用語なんだそうだ。

「ロジック・ツリーというのは、世の中の現象を一本の樹木に見立て、それに関係している物事を枝葉として捉《とら》えたものですよ。たとえば情報関係で言うと、ニュースという大きな幹を中心に政治、経済、国際、芸能ニュースとさまざまにジャンル分けできますよね。この細かい部分が枝葉ということで、それを図にすると一本の大木が枝分かれしているように見えるでしょ。まさにロジック、論理のツリー、木というわけです」

マッキンゼーが説明してくれる。

私たち一般人が頭のなかで漠然と区分けしていることを、理論にするとこんな難しい言葉になるらしい。

「いやあ、あれは言葉の意味を逆に曖昧《あいまい》化することで、人を煙《けむ》に巻くというやり方でもあるんですけどね」

やはり外資系のコンサルタント会社に勤める友人は、こう解説してくれたけど。

「液晶の画面が小さ過ぎるなあ」

榎や横浜がアイデアと協力者を求めて、流行に敏感なプロデューサーやゲームメーカーといった内外の有識者に意見を聞いたときも、私たちがあとでIPに協力を求めるための依頼に行ったときも、拒絶の一番の理由はこのことだった。

「いまの時代、もうニーズ（必需品）ではなくウオント（ほしいもの）をつかまえなくては。社会的なニーズとしてNTTさんはISDNなどいろいろ設備を整えてきたけど、それは社会のニーズであって、個人のウオントではないんですよ。これからはもっと一人一人に密着した欲望を刺激しないとブレイクしないんじゃないかな。パソコンというもっと精度のいいものがあるのに、いまさらこんな小さい画面を使って情報を提供しても受けるとは思えないですよ」

パソコンを日常的に使いこなすハイエンド系の人々が二の足を踏んだ欠点、これがまさに「個人のウオントを刺激しブレイク」していくのだが、このときにそれを予想した人は、とても少なかった。

さまざまな携帯電話を研究した結果、マッキンゼーは「コンテンツというものはハイリスク・ハイリターンだから、とにかくどんなものでも載せるほうがいい。そのなかのどれかが当たってくれればオーケーなのだから」という結論に達していた。

「どんなものでも載せたほうがいい？」

私は密《ひそ》かに呟《つぶや》いた。

マッキンゼーの説明は続く。

「たとえばニュースや天気予報など先方がコンテンツを持っている場合は、そのコンテンツを買い取るわけです。しかし一方では銀行や航空会社など、この携帯に載せることによって残高照会やチケット予約などの恩恵をこうむる企業からは、一社いくらとテナント料といったものを頂くのです」

当時、ドコモが持っていないコンテンツをどうするかという問題になったとき、マッキンゼーのすすめで、ドコモは「情報を持っているところからどんどん買い取る」という方法を考えていた。

けれど私は、そこに何か違和感を感じた。

「リアル・ビジネスを知らない人の考えることだな。こういう方法でうまくメディアが立ち上がるんだろうか」

私はそう思った。

分厚い立派な企画書を見ながら、私は自分の心が少しも動かないことに気づいた。書いた人にとっては論理的かつ数学的にすっきりしたものなのだろう。けれど、私のように「いいか悪いか」「正しいか正しくないか」より「好きか嫌いか」「面白いか面白くないか」を直感で感じ取る人間にとっては、「う―ん、正しいんだろうけど……」としか思えないのだ。人と出会ったとき、「いい人」なんだけど心が動かないという気持ちに似ている。

理屈ではなく、人の心を捉《とら》える何かがなくては……。作り手の「息」がかかってこそ、メディアの顔ははっきりとしてくる。人や企業はその「顔」に引かれて集まってくるのではないだろうか。

もちろんこのときはまだ外部の人間であるし、答えも見えていないため私は反論もしなかったけれど、これがあとでマッキンゼーとの大きな争点になっていく。

当時のゲートウェイ部としては、ともかく何らかの形のモデルをもとに「新しい携帯」を模索していた時期だったのだ。

「マッキンゼーさんはいいですよね。難しいことを喋《しゃべ》るだけで破格のギャラをもらい、それでいて実際に現場でドロドロになるのは安い給料のこちらなんだから」

会議が終わったあと、メンバーの一人がこんなことを言っている。

「僕はあなたたちが大嫌いだから」

面と向かってこんな信じられないような言葉も飛び出した。

マッキンゼーの働きぶりは実にハードで、どんなに遅くまでドコモで仕事をしていても、そこから社に戻り、会社の中の会議をこなし、翌日のための資料を作成する。深夜にまで及んだ議論が、翌朝九時に議事録として仕上げられたときは、さすがに驚いた。

それに対しドコモの社員たちは、会議の最中もマッキンゼーの言葉に頷《うなず》くでもなく、メモを取るわけでもなく、ただ俯《うつむ》いたまま発言ひとつするわけではない。

この新規事業って、ドコモがやるんでしょ。それなのに、なぜ外部の人間が主導権を握っているの？ 不満があるのなら、どうしてそれを意見として出していかないの？

そんな状態で、「嫌いです」などと面と向かって言われたら、私などとても務まらない。

「大変ですよねえ」

私はマッキンゼーの労をねぎらう意味でこう言った。返ってきた言葉に、私は、ドコモの社員の言葉以上に驚いた。

「いやあ、僕らは嫌われ役なんですよ」

彼らは、ドコモの連中の言葉にまったく動じていないのだ。余裕がある振りをしているのか、実際に余裕があるのか、笑顔さえ浮かべている。

この神経はどこから来ているのだろうか。社長直々のミッションによって動いているという自負か、永年培《つちか》われたエリートのプライドか。多分その両方なのだろう。

「コンサルタントにはNOを言う義務がある」

コンサルタント会社に入って最初に教え込まれる言葉が、これだそうだ。派遣された先で社員と同化してはいけないという意識だと言うが、入社して最初に植え付けられる意識がこういう言葉で表されることは、私には驚き以外の何物でもない。

マッキンゼーが社長命令によって動いているというプライドをいろんな場所で誇示すれば、現場は現場でこちらがマッキンゼーを使っているんだ、「発注」しているんだという意識をことあるごとに見せ、対抗してくる。

編集長時代、デザインや原稿など外部の人に仕事をしてもらうのは当然のことだった。けれど、私の場合「発注」という意識を持ったことはない。自分ができないデザインをプロにしてもらい、書けない原稿を書いていただく「依頼」というスタンスだった。

ところが「発注」されるマッキンゼー側も、乗りこんだ会社で一緒に仕事をしていく人たちからどんなに嫌われようが、まったく臆《おく》さない。

ここではお互いが相手を必要としているのではなく、相手をどこかで蔑《さげす》みながら仕事をしているのだ。そんな双方の態度に私は肝をつぶし、特にマッキンゼーに関しては、驚きを通り越し感心してしまった。それにしても、ここまで人に嫌われながら仕事をするなんてという思いは、私にはずっと付きまとっていた。

五月になると、いよいよ本格稼働の一端として、神谷町のビルの一室を借りることになった。といっても、常駐者はマッキンゼーの常勤四人を入れても十人に満たない。iモードができるまでの二年間に、この人数はおよそ七十人まで膨《ふく》れ上がるのだが、当時はわずか十人がだだっ広い部屋を独占していた。

「わあ、ここでサッカーができるわね」

オフィスを見学にいった私はその広さに驚いた。笹川はというと、部屋で自転車を乗り回している。虎ノ門にある本社との行き来に車では近すぎ、歩くには遠すぎる。自転車が最適なのだそうだ。

生まれたばかりの部としては、まずはデータ通信や技術の基礎的な知識の習熟に励んでいるところらしい。別の日に顔を見せると、部屋はひときわがらんとしている。

「笹川君はどこにいるの」

「笹川ですか？　彼は芝刈りに行っています」

「芝刈り？」

「はい、ゴルフです」

「じゃあ、矢部君は？」

「彼は海底調査です」

海底調査とは、スキューバダイビングのことだ。

うーん、こういうところはさすが。余裕があるというか、呑気《のんき》というか。

有給休暇の消化というのは労働者の当然の権利ながら、病気でもないのに平日に休むという感覚は、これまでの私の周りにはなかった。まして、これから新規事業を立ち上げようというときに、信じがたい感覚だった。こんなテンポでやっていて、大丈夫だろうか。誰か、若手にエンジンをかける人物がいないと、このままでは事業は進まないのではないか。

六月の末にリクルートを退社することが決まり、ドコモに正式に入社するのは七月の十五日にしてもらった。短いとはいえ、二週間はフリーの身だ。この間に南の島にでも行ってリフレッシュしてこよう。

外国人の友達がよく言う。

「会社を辞めたその翌日に次の会社にいくという日本人の話は、私たちには信じられないわ」

外国の慣例に倣《なら》ってというわけではないが、せめて私は二十年間働きに働いてきた自分へのご褒美《ほうび》として、南の島でゆっくりリフレッシュしてから次の職場へと思っていた。ところが、私は休む暇もなく社長をはじめ役員への挨拶《あいさつ》などで駆け回ることになる。榎が次々にアポイントメントを入れていくものだから、とても休む暇などない。榎の仕事ぶりはのんびりとした若手と違って、上に行けば行くほど仕事をする海外のエグゼクティブのようだった。

私の採用から待遇まですべての決定権が榎にあったことも海外企業のようだった。

六月のあるとき、榎は人事部長との面接を設定した。私はそれが正式採用を決める面接の場だと思っていた。日本の企業では、人事部が採用権から昇進・昇格、異動まですべての人事権を握っているところがほとんどだ。

ところが、部屋に入ってくるや否や人事部長は、私に向かい、

「松永さん、よろしくお願いします」

にこやかにこう言うではないか。

社長面接のときもそうだ。最終面接だと思い、緊張して臨んだ私に、

「いやあ、楽しみです。松永さんにわが社に入ってもらって」

いきなりこうおっしゃるではないか。

私は拍子抜けすると同時に、プロジェクトリーダーである榎に権限委譲されていることを知って、仕事がやりやすくなることを即座に理解した。

休暇をとらせてくれなかった榎を恨みはしたが、新規事業の立ち上げに榎の段取りの早さはなくてはならないものだろう。

欧米型の企業から見ると不思議なことだが、日本では給料のことはなかなかあからさまにしない。私の報酬に関しても、具体的な額の決定はやや後まわしになってしまった。それを決める場には当事者の私と榎、それにマッキンゼーがいた。

どのくらいが「妥当」なんだろう。誰もが具体的な額を出すのに躊躇《ちゅうちょ》があった。

「このくらいでしょうか」

業を煮やしたのか、マッキンゼーがある数字を提示した。その金額は担当部長と言っている割には低いものだった。

「あっ、ドコモに行くのはやめにしよう」

私は即座にこう思い、口を開きかけた。

「そんなはずはないですよ」

私が言葉を発するより、一瞬早く、榎が言った。

榎の言葉がきっかけとなり、私の報酬は年齢に見合った妥当なものに落ち着いた。

「真理さんだったら、一億円出してもいいくらいだったんですけどね」

後に飲みながら、榎はこう言って笑った。

「――僕がそう言ったら、『社長の給料より多いのは困ります』と人事部長は真面目な顔で応《こた》えていたよ」

「でも榎さん、伊良部がヤンキースに移籍したときの移籍料は六億円ですよ」

私も笑いながら応酬した。

一億、六億は冗談にしても、なぜ、私の報酬を決める場に外部の組織であるマッキンゼーが立ち会っていたんだろう。そんな釈然としない気持ちはしばらく続いた。

いきなりの方向転換

「ショートメール型ではなくなったんですか!?」

榎から説明を受けたとき、私は青ざめた。

このビジネスは、まずショートメール型サービスから始めて、インターネット型に移行することになっていた。ところが、ショートメールのユーザー数が予想以上に伸びたため、新しいサービスが入る余地がなくなってしまったのだ。

副社長の最終判断がおりました、と榎は私にとって入社初日の定例会で、経営会議の決定事項を伝えた。

「この液晶画面を使って五十文字の情報を流すのに、どのコンテンツがいいかを企画してください」

私はこう言われてドコモに入ったのではなかったのか。そのときはインターネットのイの字も出なかったのに。

南の島も諦《あきら》めてすぐに入ったのは、ショートメール型のサービスを年内に始めるためだったからではないか。

それをいまさら——。

これが入社初日の歓迎のしるし、なのだろうか。

短い文字で、どれだけわかりやすい情報に仕立てるかは、私の得意技だった。情報誌は、できるだけ多くの企業広告を入れるため、小さな囲みのなかにいかに効果的な文章を、短い文字で入れるかが勝負だからだ。でも私はインターネットなんて、ほとんど使ったことがなかった。

「それほど難しく考えることはありませんよ。技術的なことはともかく、インターネットにどういう情報があるかを検討し、そのなかから携帯にふさわしいものを探したり、新しいものを考えたりすればいいんです」

技術的なことはいいとは言われても、少しは知っておく必要はあるだろう。

私は書店でインターネット関係の単行本を山と購入してきた。自分で読むためではない。まず夫に読んでもらい、私の脳にフィットするよう解説してもらうためだ。

しかしこんな付け焼き刃な方法で大丈夫かとの声が脳の奥のほうから聞こえてくる。インターネットの窓口といわれるプロバイダー、サーバーなどなどカタカナの羅列《られつ》。クッキーというおいしそうな名前は、自分の好みに合わせて設定を変えるための仕組みだそうだ。ブラウザとはホームページを見るための閲覧《えつらん》ソフトだ。

パソコンを使うだけなら、これらの言葉を覚える必要はあまりない。けれど私はそれを使って仕事をする、らしい。少しは基本的な知識をインプットしておかねば。夫に解説してもらったものの、言葉は頭を上滑りしていくばかりだ。

目の前にあるカタカナ用語のやたら多いページを見ながら、私はまったく別のことを考えていた。本や雑誌というのは、漢字とひらがな、カタカナの割合がとても大事だ。こんな風にカタカナばかりでは、読みにくい上、美的な面でもよくないな、と。

これは編集者としての発想だが、この漢字、ひらがな、カタカナの割合はiモードの情報発信の際、液晶画面の表示において、私がこだわったことのひとつだ。

それはともかく、私は咄嗟《とっさ》に、私とインターネットを結ぶもうひとつの回線が必要だと感じた。

誰がいいだろう。私は考えた。

最初私はリクルートから誰かを引き抜くことを考えた。けれど、優秀な人材であればあるほど、その人がいなくなることは会社にとっては不利益になる。会社を辞めるとき他の誰かを引き連れて行くのは、「実家」とも言える元《もと》の会社に対し「仁義」に悖る。

誰か適任者はいないだろうか。

そうだ、彼に頼もう。彼なら最適だ。

彼とは夏野剛。リクルート時代に学生アルバイトとして編集の手伝いをしてくれた学生だった。

十五年以上も前からコンピュータを使いこなし、読者の名簿管理や、スポンサーへの発送用ラベルを作ってくれた「使える」学生だった。おしゃれでイベント好きという常に流行を意識するタイプでもある。リクルートでバイトをしながら就職活動をし、会社説明会に行っては、その企業の学生に対する態度や質問内容などの最新情報を教えてくれる情報源でもあった。

彼こそ、iモードの成功に大きな貢献をするキーパースン、重要人物の一人になる。いまでこそネット業界では一躍有名になってしまったが、当時はベンチャー企業の副社長をしていた。

夏野は早稲田大学の政治経済学部を卒業したあと東京ガスに入社、用地開発のプロジェクトを手がけていた。在職中MBA取得のため、米国留学した経歴を持つ。そのときはちょうどアメリカにインターネットが勃興《ぼっこう》している頃で、学生の身分に戻った夏野は、その洗礼を充分すぎるほど受けていた。

私とはバイト以来の付き合いで、年に何度か食事をしたり、私の講演やテレビ出演などに使うネタを提供したりしていた。

「真理さん、いま学生に人気のある企業はBMWですよ」

あるとき、夏野がこう言ったことがある。

「BMW?」

「ビューティフルな会社のBに給料がいいマネーのM、それに女子社員がきれいなウーマンのWですね」

なかなか面白い。

後にドイツのBMW本社に取材に行ったとき、ランチタイムにこの話をして大いに受けたのは言うまでもない。

夏野は常に私の貴重な情報源だった。

そうだ。夏野に話してみよう。キーパースン、実現に向けての鍵《かぎ》となる人物を探し出すことに、私は独特の勘が働く。それは、編集者として困ったとき常に訪れる動物的な勘だ。鉱脈を探し当てるのに、カナヅチでトントンと叩《たた》きながら、その向こうにある音を聞いて、「ここだ！」と感じる一瞬は、編集の仕事のなかでも最も快感を感じるところだ。

彼だ。夏野こそがピッタリだ。

私は早速彼に連絡をとった。

「携帯電話に液晶画面があるでしょ。ここにインターネットの情報を流そうと思っているんだけど、私、とにかく機械に弱いから、手伝ってくれないかしら」

夏野に事情を話すと彼は顔を上げ、遠くを見るような目をしてこう呟《つぶや》いた。

「そうか、携帯電話を使うのか……」

夏野は私に目を戻すと、しっかりと目を見て自分に言い聞かすように言った。

「そういう手があったんですね、真理さん！」

彼の明晰《めいせき》な頭脳は、私の話からその仕組みをちゃんと理解し、いや、それ以上のものを感じ取っていたのだろう。最新のハイテク機器を前にしたときのように興奮し、目を輝かせていた。

私には子供がいない。子供はいないけど、子供の心は持っている。そのときの私は、自分の持ち物に高い評価を付けてくれた友達によって、その価値に初めて気づいた子供のような表情になっていたに違いない。嬉《うれ》しさと戸惑いと、徐々に高まってくる高揚感というもの。

「真理さん、これはすごいことですよ」

夏野は確認するように、もう一度呟いた。

彼は彼なりにベンチャー企業での経験で、パソコンユーザー相手のビジネスにある限界を感じていたのだ。ユーザーは三十万人からなかなか増えていなかった。

携帯を使えばもっと気軽に何千万人ものユーザー相手に情報発信できる！

夏野の高揚が私にも伝わってくる。

いままでドコモの内部で会議をやり、新規事業の意味を解説され、それでも私の内部がいまひとつ燃え上がらなかった理由がわかった。

それはこの興奮という熱さがなかったせいだ。

これまで一緒にやってきたスタッフは、その事業を淡々と紙に落としているだけで、そこから沸き上がってくるものがひとつも感じられなかった。

夏野はそこに子供の興奮と高揚を吹き込み、それがいままさに私に電流のように伝わってきたのだ。

これは私が認識していた以上にすごいことなのかもしれない。そのとき私は初めてそれを全身で理解した。

言葉が通じない!?

「NTTは男の組織だから、能力のある男が入るとかえって組織の論理に飲み込まれる可能性がある。彼女は社会的な地位はあるし、性格は明るく柔軟で受け入れられやすいと思いましたね」

私を榎に紹介した理由を橋本はある取材でこう語っている。

けれど論理に飲み込まれるか否かは、まず彼らの論理を理解したその次の段階のことである。

私には彼らの言葉さえ理解できなかった。

マッキンゼー用語だけではない。ひとつの組織には、その組織特有の言葉があるものだが、その言葉が一般的な言い方とはどれだけ違うかを、組織にいる人たちは気づかない。ドコモでもそれは顕著で、私は彼らの話す言葉がなかなか理解できなかった。

「これはシソウビンでいいですね」

栗田が書類を指しながら、こう言っている。

「えっ、シソウビン？」

私の頭はいろんな漢字を思い浮かべようと、めまぐるしく回転し始める。「思想」、「試走」、まさか「詩想瓶」なんてことはないだろう。

栗田は、私が戸惑っているわけを察してくれたらしい。

「使って送ると書いて使送便、です。郵便と区別するためです」

「ふーん、でもなぜ社内便って言わないの？　第一、語感がよくないよね」

「シソウ」は「死相」をも連想させる。

以前ある会社の人から聞いた話だが、社員とは別に臨時従業員を雇い、彼女らを「リンジュウさん」と呼んでいたことがあるそうだ。臨時従業員を短くした「臨従さん」という意味だが、呼ばれたほうとしては「臨終」を連想させ、決して気持ちのいいものではない。

「その呼び方はあんまりなので、呼び方を変えてもらえませんか」

彼女らはこう抗議し、結局「サポートスタッフ」に変更したという。

「リンジュウさん、リンジュウさん」と呼ばれ、嬉しい人がいるだろうか。発した言葉が相手にどう届くのか、日常のなかで使う言葉には、もっとセンシティブでなくてはいけない。

ドコモ内部に話を戻すと、「移動機技術部」は「イギブ」、「NTT」は「エヌ・ティー・ティー」とは言わず「エヌ・テッ・テー」と言う。「トラフィック」は「トラヒック」で、「コピーを取る」ことを「コピーを焼く」と言う。これはいかにもコピーがまだ高価で「青焼き」をとっていた時代を彷彿《ほうふつ》とさせるが、いきなり紙の束を渡されて「これ焼いといて」と言われるとまずドキッとする。

特にわからなかったのは「クク」と言われたときだ。会議で「これはククで決定してください」と言われたものの、そのククがわからない。ククとくれば反射的に八一という答えが出るけど。

私はマッキンゼーの横浜にメモを渡した。「ククって何ですか」「区区ってことで、それぞれという意味です。それぞれの担当で決定してください、ということですね」

はじめからそう言ってほしい。

その他「九月をモクトに」とは「九月を目途《めど》に」という意味。

またあるときには、「キョウランしてください」と書類を手渡される。

「えっ、キョウラン？　キョウランって？」

私の頭はまさに狂乱状態だ。

「真理さん、キョウランですよ。共に閲覧するの覧で共覧、みんなに回してくださいってことです」

なんということはない。ただの回覧のことだ。

通信の世界では普通に使われるらしい専門用語も、最初は皆目わからなかった。

黒板に向かってマッキンゼーがやたら難しいことを解説している。議題は次世代携帯電話のことだ。その説明に「ザンパース」という言葉がやたらに出てくる。

何を意味しているのだろう。「残りのパーツで何を送ったらいいか」ということだろうか。私はノートに「残パーツ」と書き、解説が途切れた合間に、榎にすばやく質問した。

「榎さん、残パーツって何ですか」

その質問には直接応《こた》えないまま、榎は言った。

「真理さんはマージャンをしないんですね」

まったくその通りだが、その前に質問とどういうつながりがあるのだろう。

あとから聞くと、これは次世代携帯電話のキーとなる数字で、「三百八十四」kbps（キロビット・パー・セック）という通信速度を表す数字である。それをみんなはマージャン用語、つまり中国語で「ザンパースー」と表していたわけだ。

講義内容を要約すると、「次世代携帯電話は、現在の最高速度であるPHSの六四kbpsの六倍と、画期的にパワーアップする。この三百八十四kbps化によって、データや画像、動画などが送受信できる」ということだったのだ。

NTT用語もマッキンゼー用語も、技術用語も通じない。

向こうも、私の思いつきとイメージで喋《しゃべ》る言葉は理解できないと言う。

再就職した場所で、私は戸惑うばかりだった。

会議から解放されて、やっと自分のデスクに戻り、目を上げても見えるのはモバイル機器といった無味乾燥な機器ばかり。頭のなかは翻訳されない言葉で文字化け状態だ。映画

『マトリックス』で電脳の世界に連れていかれたキアヌ・リーブスも最初はこんな不安な気持ちだったに違いない。彼は相当のハイエンド系、私はコンピュータのことは理解不能という違いは大きいけど。

ドコモという会社は連絡事項をメールや社内掲示板でやり取りすることが多い。そのため就業時間中、広くがらんとした空間に人の話し声はほとんどしない。みんな、といってもせいぜい十人前後だが、パソコンの画面に見入ったり、稟議書《りんぎしょ》を書いたりと、それぞれの仕事に熱中している。

室内をぼんやりと見まわしていた私は、突然リクルートという会社が懐かしくなった。編集部の活気に溢《あふ》れた雰囲気、笑い声やときには怒鳴り声などのあの喧騒《けんそう》のなかに戻りたくなった。かつての知人と話をしたくてたまらない。プッシュボタンを押し、聞きなれた友人の声を聞くと、私はやっと本来の自分を取り戻した思いで、受話器に向かって大きな声で喋り始めた。

誰かがちらっと私のほうを見る。広い空間で、私のいる場所だけがやたら騒がしく浮き上がり、私の少し高い声は広い室内に響き渡っていった。

喋ることで頭を回転させ、それに比例して身体まで元気になっていくタイプの私は、喋れない、通じない、理解できないという三つの「ない」が重なり、身体まで精気を失っていくのがわかる。何年ぶりかで夏風邪をひき、ついには必要なことさえ口から出てこない失語症状態になってしまった。

川端が「NECに戻してくれ」と榎に告げたのが彼がドコモに入って一ヶ月頃だったと聞いたが、まさに私も同じ頃、どうしようもない「穴」に転げ落ちていった。ただ私の場合は、どんなに引き返したくても、帰る道はもはやなかった。

些細《ささい》なことだが、出勤時間が早いのにも参った。

編集の仕事は夜が遅い代わりに朝も遅い。でもここは違う。始業は朝の八時半である。フレックスでようやく九時半になった。しかし榎は七時半には社に来ている。すっかり夜型の身体になっていた私は常に時差ボケ状態だ。それに何を決めるにも判子《はんこ》、判子の世界で、千円単位の経費さえ事前の決済が必要だという。

役職付きで名前を呼ばれることにも困惑した。

ことあるごとに「まつながぶちょう、まつながぶちょう」と、耳に慣れない言葉が響き渡る。自分に話しかけられている実感が湧《わ》かない。

あるとき私はあまりにも頻繁《ひんぱん》に「まつながぶちょう」と口にする笹川に言った。

「私の数少ない美意識のうちでも、名前のなかにまつながぶちょうと、二つの濁音が続くのは、聞いていて耐えられないから名前で呼んでちょうだい」

「はい」と笹川は素直に聞き入れてくれた。

「わかりました、真理部長」

この頃の私のバイオリズムは生涯でも最低のラインを記録していた。

ホテル西洋のあやしい大人たち

八月一日、この部は法人営業部から独立し「ゲートウェイ・ビジネス部」と名づけられた。これまでは法人営業部所属ということで、まだ逃げ道は残されていたが、独立したとあっては、いよいよこの部独自で利益をあげるものを作り出さなくてはならない。いよいよ戦闘開始というわけだ。

ちょうどこの頃、企画を煮詰めるための会議が駒込《こまごめ》にある電通生協会館で行われることになった。マッキンゼーの連中を含めた関係者が、延々と一日中企画会議を行うのだ。

マッキンゼー側はそれを「合宿」と称して、泊まりがけで行うことを提案したが、私をはじめとするドコモ側は猛反対、妥協案として朝は始業時間から夜は六時までということになった。

マッキンゼーとしてはギャラに見合うよう、何をやった、何がどう進んだと、事業を進《しん》捗《ちょく》させなくてはならない。

だからだろう、合宿会議となると常駐メンバーのほかに関係者が三、四人は増え、マッキン用語は常より余計に飛び交う始末である。

この合宿のとき、私とマッキンゼーは携帯電話に載せるコンテンツに関して猛烈な対立をすることになった。マッキンゼー側は、

「インターネットの情報サービスのビジネスは、ハイリスク・ハイリターンという当たりはずれの大きいビジネスです。そのリスクをできるだけ少なくするためには、できるだけたくさんのコンテンツを入れておいた方がいい。そうしておけば、その中のどれかが当たる確率が高くなるからです」

と主張した。

「それは違うと思います」

私はすぐに反対した。

「コンテンツがたくさんあればいいというんだったら、いまのインターネットと変わりはないじゃないですか。ネットサーフィンのできる人が、自分の必要な情報を探していくというのと同じで、一部のパソコンを使いこなせる人たちが使うものと変わらないものができてしまいます。私自身がパソコンを使いこなせないこともあるけど、これから作る携帯には普通の人が日常的に必要とする情報をコンパクトにして載せた方がいいんじゃないでしょうか」

「その必要な情報というのは、誰が決めるんですか。真理さんですか」

「いや、だから、それはみんなこれから考えて……」

「真理さんがこれまで情報関係の仕事をしていたからといって、一人の人間が情報内容を決定していくのはリスクが大き過ぎます」

「私一人が決めるというのではなく、ユーザーの立場に立ってみんなが話し合って、適切だと思ったものを載せるんですよ」

「コンテンツ」を決めるための議論は延々と続いた。両者とも、自分の考えを一歩たりとも譲ろうとしなかった。私はこれまでの「経験」から、マッキンゼーはマッキンゼーで「論理」と彼らの社是である「NOを言う義務」から。

両者の議論をじっと黙って聞いていた榎が、いつまでも終わらない戦いを収拾させるためでもあったのだろう、ひと言言葉を発した。

「いや、今回の新規事業は真理さんが編集長でいきますから——」

その場は一応収まったものの、このまま引き下がるマッキンゼーではない。

合宿のあとも、これは大きな争点になっていく。

「だれか一人が決めるのはおかしい」

「真理さんが編集長になるのは反対です」

はっきりと、そう言われた。

「あのとき、よくドコモを辞めませんでしたね」

会議での論争の激しさを、笹川はこう言って表す。よそ目にはそれだけ私の形勢が不利に見えたのかもしれない。

確かに私は、自分の思いをちゃんとした「論理」にできない自分にじれったさを感じていた。私に足りないこの「論理的」な部分を埋めてくれたのが、夏野だった。

合宿が終わった頃、夏野から「企画案」が届いた。七月に会ったときの私の話をもとに具体的なビジネス案を考え、それをまとめてくれたものだ。

全部で十五枚くらいのこの提案書は、この事業の可能性がいかに大きなものか、そのための情報内容がいかに重要であるか、その情報を企業に提供してもらうための攻略法などが具体的かつ明確に記されていた。

「音声コミュニケーション・ツールとしての携帯電話の難点は、相手の電話番号がわからない限りなにもできないことである」

夏野はこう始めていた。

「しかし、そこにデータを載せることで、たとえばデータでレストランを調べ予約まできる。列車や飛行機のチケット予約もできる」

早くも携帯電話の可能性を予言している。

「つまり企業にとっての広告が、ユーザーにとっては不必要なものではなく必要な情報になるので、逆に料金を払って買い求めてくれるのだ」

これを夏野は「リクルート」の方法を応用、発展させたものとして説明していた。

「このビジネス・モデルは、リクルートが構築してきた。消費者はよりによって広告の集まりであるリクルートの雑誌を、料金を払って購入している」

ただし携帯電話の場合、ユーザーはある情報を得るために電話を利用しているわけではない。電話を使うことで自然に、そこに載っている企業のサービスを見ることになる。それは「積極的に雑誌を購買する層の何倍もの潜在購買者を獲得」することになると言うのだ。ゆえに、

「新規事業では、この告知の方法を工夫することで、これまでのメディアでは実現できなかった情報や広告のまったく新しい配信インフラを構築することが可能になる」と。

私は榎にこの提案書を見せた。この事業を成功させるためには技術もわかり、なおかつ私の言葉も理解し、それを現実感のあるビジネスに仕立ててくれる夏野が是非必要だと申し出た。

「いいですよ」

榎の答えは、驚くほどあっさりしたものだった。

榎はコンテンツに関しては、私に全面的に任せてくれている。その私が申し出ることはたいていオーケーしてくれた。

私のバイオリズムはいつのまにか、元に戻っていた。マッキンゼーとの対立で、反論に次ぐ反論を重ねているうち、再び脳が活性化し始め、失語症どころではなくなっていたらしい。

コンテンツの検討に入るに当たって私はまず外部の有識者にお集まり願った。放送作家の小山薫堂氏やテレビのプロデューサー、シナリオライター等である。

新しい雑誌を創刊するときに、必ず私がやることがあった。これから作るものは、どんな人を対象に、どんな場面で使ってもらいたいかを明確にしていくのだ。

「ターゲット」つまり誰に買ってもらうかの照準を定めるわけだが、普通はたとえば「女子高生」「三十代の、年収いくらの男性」というある固まった層をイメージするのに対し、私は一人の明確な「人物像」を描いていく。どんなファッションを好み、どんな場所に遊びにいくのかという一人の人間を思い描き、その周りに二十万人、三十万人がいると設定するのだ。そんな人物が実際にどんなものをほしがっているのか。それを明確にしていく。

そのため最初に私がやる方法がブレーン・ストーミング（ブレスト）だ。

新しい携帯のイメージを決めるため、テーマを決め、内外の人物に集まってもらう。今回のテーマは「携帯電話に新しく情報配信をするサービスを作ります。ついてはそこにどういう情報が載ったらいいかお知恵を拝借したい」というものだ。

「ブレストって何ですか」

ドコモの若手にとっては、初めての経験だ。

「ブレーン、つまり脳をストーミング、掻《か》きまわすことで、新しいアイデアを出していくのよ。どんな携帯電話がほしいか、そのイメージをはっきりと摑《つか》むために、あるテーマに沿って思いつくことをどんどん話してもらうの。その話のなかからイメージというか絵が見えてくるんだけど、それを言葉に集約できれば大成功ね。誰にでもわかる言葉になって出てくると、これから先、CMを作る場合など説明しやすいでしょ」

「へえ……」

わかったのか、わからないのか、若手は怪訝《けげん》な表情をしている。

「このときのルールはひとつ。否定的なことは一切言わないこと。そんなことを言ってもどこからそんな情報を得るんだとか、技術的には無理だとか、そういうネガティブな言葉はいっさい使わない。これが今回のルール。とにかく自由に話してもらっているうちに、イメージが出てくればよし、というところね」

「はあ……」

「まあ、とにかく現場を見ればわかるから」

ブレストを行う場所は「ホテル西洋」にした。

ホテルの一室を昼頃から借り、飲み物、食べ物を用意し、訪ねてきた人にリラックスした雰囲気で、思いついたことをどんどん話してもらう。

昼間はまだドコモのメンバーばかりが目立つ部屋で、私は声をかけはしたものの何人くらいが参加してくれるのだろうかと心配だった。

最初はちらほらしかいなかったが、夕方近くになると、一仕事終えた人たちがどんどん集まり始めた。六、七人、多いときには十人前後の人が酒を飲み、食べ、議論を交わし、ホテルの一室は編集部のあの見慣れた喧騒《けんそう》が満ち始めた。

自分の都合のいい時間に合わせて来てもらったのは正解だった。昼頃から来て飲んでいると思ったら途中で抜け出し、再び顔を見せ、「やあ、久しぶり」などと同窓会と間違っているような人もいる。呼んでもいないのに誰かと連れ立ってきて、そのまま居座る人もいる。そんな自由な空気のなか、さまざまな提案がなされた。

「リズムがほしいよね」誰かが言った。

「そう、テレビだってリズムがあるじゃない。夕方にはニュースがあって、次に子供を対象にした漫画がある。晩御飯のときにはバラエティで、OLが帰る午後九時頃になるとドラマっていう風にね」

「ゴールデン・タイムと深夜番組では内容を変えるように、携帯だって自分なりにリズムが出せるようになればいいよね。ビジネスマンだったら、ニュースを見て、株の情報を調べて、プロ野球やサッカーの結果がわかる。そんな風に自分なりの情報を見やすい形で提示されていれば、役に立つんじゃないの」

短パンにチェックのシャツ、二、三日髭《ひげ》を剃《そ》っていない不精髭《ぶしようひげ》さえファッションに見えてしまう連中の横で、このときばかりはマッキンゼーも夏野も影が薄い。ドコモの若手は、ひたすら業界人に圧倒されている様子だ。

「議事録は取っていますか。メモを取ってくださいよ」

榎は若手のだれかれにこう言っている。予算を取っている関係上、そこで何が行われているかを記録しておく必要があるのだ。

「隅にいるあの人、なんだかすっごくMBAってカンジ」

雑誌の編集長が夏野を指して、こんなことを言っている。一見無駄な会話からさまざまな企画を生み出していくテレビ局や雑誌の人から見ると、夏野の論理的な話の展開は、マッキンゼーと同じ範疇《はんちゅう》に属している。そういえば、もともと両方ともMBA所持者でもある。

「ともさかりえってさあ」

話題はともすれば、本題を離れて横道に逸《そ》れる。メモを取っているマッキンゼーは怪訝な表情で、ペンを止める。

「ともさかりえ?　誰のことだろう」

「彼女って、月九《げっく》(月曜夜九時、最も視聴率を稼げる時間帯のドラマ枠)のドラマは出てたんだっけ」

「ゲック!?」

ペンを止めたまま、マッキンゼーの顔は引きつっている。

「会議」や「話し合い」に効率や生産性を重視する人にとっては、確かに無駄な会話にしか聞こえない。でも私はこんな無駄話から「これだ！」というものが出てきた瞬間に何度も出会っている。まだ何も始まっていないからこそできるこの柔軟な雰囲気を大事にしたかった。

彼らと一緒になって話をし、業界の打ち明け話を聞き、冗談を返したり、再び真面目な話に戻って喋《しゃべ》っているうちに、脳がどんどん元気になっているのがわかる。

「ホテルってさあ、生活のニオイがしなくていつ来てもいいよね」

「私は、パークハイアットが好き。オシャレだしさ、気持ちいいもん」

「ボーイも可愛《かわい》いしね」

「ホテルで、なんでもやってくれるサービスがあるじゃない、なんて言ったっけ？」

「コンシェルジュ」

「それって、ワタシも好きだわ」

その時、私の脳が反応した。

まるで、テニスをやっている時に、瞬時にボールをとらえてボレーを打つ感覚だ。

私はテニスでボレーが得意である。

相手の動きを読み、今度の球はここに来るなと判断して相手の裏をかけるからだ。自分の力というより、むしろ相手のパワーと球のスピードを利用することで得点を挙げていける。

その話をテレビ・プロデューサーであるテリー伊藤にしたとき、彼は言ったものだ。

「そりゃ、そうだよな。リクルートのビジネスって、全部『合気道ビジネス』だもん。敵の力を利用して、相手を遠くに飛ばすビジネスだもの」

さすが、有名なプロデューサーだけのことはある。面白いことを言うと感心したものだが、私もいつのまにかそんな技をしっかり身につけていたらしい。

「コンシェルジュ」

誰かが言った、その一言を聞いた途端、相手の発した言葉のボールが、自分のラケットの芯《しん》をとらえ、スーッと勢いよく飛んでいく快感を覚えた。

ブレストをしているうちに、脳の動きはだんだんと活発となり、脳全体がどんどん柔らかくなるのを感じるときがある。その混沌《こんとん》とした海をもっともっと掻《か》きまわしていると、ある瞬間、それは最高潮に達する。脳が蕩《とろ》ける瞬間だ。

その瞬間、混沌とした言葉の海から「キーワード」が浮き立ってくる。あるいはそのたったひとつの言葉を生むからこそ、脳が蕩け、快感が身体中《からだ》を走っていくのだろうか。

どちらが先かはともかく、そんな瞬間こそブレストの醍醐味《だいごみ》なのだ。

「コンシェルジュ」とは、そのホテルに泊まっている客に旅を楽しんでもらうため、レストランの予約や、コンサートなどのチケットの予約をしてくれるサービスだ。

「確かにそれって便利だよね。携帯もこういう便利さがあるといいね」

私の脳裏に「自分のコンシェルジュ」として、携帯を持つ人たちのイメージが浮かんだ。旅という移動空間のなかで、自宅や会社にいるときと同様の便利な機能を発揮する。これこそモバイル（移動）機器の持つ最大の強みではないか。

新しい携帯電話では、ホテルのコンシェルジュから受けるサービスのように、自宅のパソコンとはまた別の便利さを提供すればいい。携帯が残高照会をしてくれる、飛行機の予約をしてくれる、この街にはどんな店があり、どんなレストランがあるかを調べてくれる、電車の待ち時間を利用して、株価を調べたり、映画情報にもアクセスしてくれる。

この「してくれる」という優しさ感は、なかなかいい。デジタル用語では「エージェント」といっていかにも素っ気ないが「コンシェルジュ」には、人間味と優しさがある。

「ねっ、これから何ヵ月もかかって開発していくうちには、迷ったり、自分たちの進む方向がわからなくなったりするときが必ずあると思うの。そんなとき、頭に浮かぶこのイメージを思いだせばいいのよ。『コンシェルジュ』という考えを実現するためにはどうすればいいのかを考えて進んでいけばいいの」

私は若手に説明した。

最初の「五里霧中」だった状態から、少し先が見えてきた。

「広告を依頼するときも、この言葉を使って説明すれば広告も作りやすいし、ユーザーにも携帯の特徴が伝わりやすいでしょ」

この「コンシェルジュ」は、iモードのメディア・コンセプトになっていくが、このホテル西洋での集まりは、後ほど話す「クラブ真理」開店への契機ともなった。リラックスして、さまざまな業界の人からアイデアを頂き、情報を載せてくれる企業とも本音で話し合える場所、それが「クラブ真理」だった。

「クラブ真理」オープン

私がドコモに入るに当たって、榎は「堅苦しい」会社の雰囲気をなんとかしたいと考えていた。

私は、役職名で呼ぶことをやめてもらい、会議もリラックスした雰囲気で、誰もが言いたいことを言えるように「わからないことはわからない」と率先して口にするようにした。会議の席でも栗田はTシャツにエアマックスと、服装までカジュアルになっていった。マッキンゼーだけは相変わらず、濃紺の背広だったけど。

このカジュアル化の最たるものが「クラブ真理」のオープンだろう。

「真理さん、いいコンテンツを決めるには、どんな環境にしたらいいですか?」

ある日、榎が私に相談した。

「そうですね、重心の高い椅子《いす》だとリラックスできないですよね。できたら低いソファがあって、そばに冷蔵庫があり、冷たいビールを飲めるような、ドコモのメンバーだけではなく外部の人たちにも、気軽に来てもらえるような場所があるといいですね」

これも編集者時代の経験で、売れている雑誌の編集部には、デザイナーやカメラマン、ライターといった外部の人間が気軽に、頻繁《ひんぱん》に訪れているのを目にしていた。彼ら外部の人間が新しい情報やアイデアを編集部にもたらし、新鮮な空気を注いでくれるのだ。

外部の人たちと気軽に言葉のストローク（やり取り）ができる場所であれば、「ホテル西洋」でやったブレストのようなことがいつでもできる。

「わかりました」

榎はすぐに請け合ってくれた。部屋は同じ階の別の部屋を借りてくれるという。

「これでいいですか」

できた部屋を見て、驚いた。新しい部屋には座り心地のいい革張りのソファと、マホガニー調の美しい木目で覆われた家具が置いてある。その扉を開けると七〇〇リットルはある白い冷蔵庫が収納されていた。中にはビールやワインがいっぱい詰まっている。横にある立派なサイドボードには何十個というホヤのクリスタル・グラスが光を受けて輝いているではないか。通信カラオケも用意され、ドアには「クラブ真理」というテプラまで張ってある。

施工費は全部で一千万円くらいだという。

「わあ、真理さん、すごいですね」

笹川がはしゃいでいる。

「僕、家に余っているお酒を持ってこようかな」

こう言って笹川が持参したお酒もまたすごい。サイドボードには、瞬く間に最高級のお酒がずらりと並んだ。

この「クラブ真理」は、コンテンツ会議だけではなく、企業への営業活動が始まると、彼らとの打ち合わせに使われたり、iモード発売直前の徹夜続きの時期には榎の宿泊所に、またメンバーの悩みの相談や、祝い事にと大活躍することになる。

ドコモは中央ドコモのほか、関西、東海と全国に八社の地域会社を持つが、後の全国行《あん》脚《ぎゃ》のときも榎は、

「中央にはクラブ真理があるんですよ。皆さん、気軽に遊びにきてください」

「えっ、なんですか、それは」と話題の糸口に大いに利用し、地域の人々の興味を引き、協力を促すことにもつながっていった。

一千万円のもとは充分に取れたと思う。

海外からのVIPが日本に訪れたときも、「クラブ真理」にご案内したことがあった。「ざくろ」という高級日本料理店で、最高級の霜降り肉で接待したあと、私たちは銀座のクラブの代わりというわけでもないが、ここにご招待した。

笹川は得意の「兄弟船」を歌い接待に励む。ど演歌が、なぜか外国人にも受けた。

「では、私も」

そのVIPもマイクを取り「マイ・ウェイ」を歌い始めた。

銀座のクラブでは、他の客もいるのでマイクは独占できない。が、ここでは彼一人のためにマイクは存在する。彼の「マイ・ウェイ」は、深夜のもう誰もいない廊下に流れてい

った。

「日本で一番楽しかったのは、クラブ真理ですねえ」

帰りの挨拶《あいさつ》の際、彼はこう言ってくれた。この場所は日本料理店での最高級な霜降り肉より、彼の心を捉《とら》えたのだ。

この「クラブ真理」も、二〇〇〇年三月の本社移転に伴い幕を閉じ、そのあと「IPプレゼンテーションルーム」と由緒正しい名前に生まれ変わった。まさか内線番号表に「クラブ真理」とは載せられない。

笹川はご丁寧にもアルバムを購入してきて、このクラブに集った人たちをポラロイド・カメラで撮影、保管していた。何十人もの人たちのさまざまな表情がそのアルバムには載っている。いま、このアルバムを覗《のぞ》くと、最後の写真は私が退社するときのものだ。

初めから笹川は、そのアルバムに「クラブ真理回顧録」とタイトルをつけていた。ひとつの役割を終えて幕を閉じるのを、まるで予知していたかのように。

ビジネス・モデルの確立

さて、ドラマではたいてい、もう一人の主役は少し遅れて登場する。『七人の侍』で三船敏郎演じる菊千代は「農民出身」の侍だ。どこからか盗んだニセモノの家系図を持って、勘兵衛たちのところに乱入してきたが、夏野は優れたビジネス・モデルを持って、ドコモに飛び込んできた。

彼はそれまでベンチャービジネス「株式会社ハイパーネット」の副社長に就いていた。「ハイパーネット」はインターネットを広告に利用したEビジネスの走りだ。システムを簡単に説明すると、ユーザーのインターネット接続料を無料にし、それを「ハイパーネット」が引き受ける。ハイパーネットは、ユーザーのデータ（趣味は車、ゲームといった個人情報）を企業に提供することで広告料金を取る。カーマニアの人は車の情報を企業から提供され、企業はより高い購買確率で商品を彼らに売りこめるという仕組みだ。

しかし、一時はニュービジネス大賞まで受賞したこのベンチャー企業も、私が夏野に声をかけた頃には、多大な設備投資と、思うように広告主が集まらないなどの理由で資金繰りがうまくいかず、かんばしい様子ではなかった。

彼がドコモに二度目に持ってきた計画案は、最初のものが理論編なら、今度は実践編といえるだろうか。

情報と一口に言うが、その内容はさまざまだ。誰もが考えるニュース、天気予報といったものから始まって、音楽や映画といったエンタテインメント情報。私たちは普段、それらの情報を何気なく使っているが、この世の中には一体どんな情報があり、それを提供しているのはどこなのか。新しい携帯電話に載せるには、どんな情報がふさわしく、それを獲得するためには、どんな方法がベストなのか。

これは簡単なようで、意外に難しい。なぜなら、ユーザーが本当に必要としている情報を効率よく載せなければ、役に立つ携帯にはならないからだ。

夏野は、世の中にある情報を「四つのフェーズ（位相）」に分けて表していた。これは情報の地図といったものだ。もっとわかりやすく言えば、世の中には数多《あまた》ある食物を、たんぱく質、炭水化物といった栄養素として分けたようなものである。料理をするとき、この栄養素に従って材料を選んでいけば、人間の身体は保たれる。けれど、それを食べる人は、特にこれはたんぱく質だ、ビタミンだと意識して食べるわけではない。

夏野は世の中に数多くある情報＝材料を使って料理をするとき、作り手が何を使えば一番有効か、つまりユーザーにとってはおいしくかつ栄養があるかを、わかりやすく示してくれた。情報という大海に向けて出発するときの航海図を作成してくれたわけだ。

第一の取引系は銀行をはじめとしてチケット、ホテルの予約。

第二の生活情報系は天気予報や株価情報、タウン情報。

第三がデータベース系でレストラン・ガイドや乗り換え案内。

最後がエンタテインメント系でゲームや占い、カラオケ情報などである。

これによって、どの情報をどうバランシングしたらいいかが明確になり、「ここが弱いから、このコンテンツを獲得しよう」といった具合に企業を攻めるときにも、非常に役に立つ。

コンテンツというのはただ多ければいいというものではない。雑誌というメディアを作るときでさえも、私たちは「実利系」「実用系」「趣味系」といったものをバランスよく配合することを考える。「実用記事」とは履歴書の書き方、面接の受け方といったすぐに役立つ情報だ。それに対し「実利」とはたとえば、アメリカのグリーンカードを取得して米国で働くという、これまでにない視点を投げかけ、すぐには役に立たないけれど、読者に夢を与えたり、メリットを感じてもらうような情報だ。最後の「趣味」とは、実利、実用だけでは味気ないページに色を添えるファッションや、料理といった記事である。

コンテンツはどれが当たるかわからないのだから、ひとつでも多い方がいい、何でもあった方がいい、というマッキンゼーの主張に対し私はずっと違和感を感じていたが、夏野の明快な視点によって、頭の中が交通整理された。それも、マッキンゼー軍団に受けるような「コンテンツのポートフォリオ」というビジネス用語を使って情報を四つの象限《しょうげん》に切り分け、余分なものを振り落とすことに成功した。

この地図に沿って情報を集めていけば、単なる文字情報の羅列ではなく「使える情報」という場所にたどり着ける。このように仕立てられたコンテンツなら、多くの人の必需品になり得る。

この「使える情報」が完成した暁《あかつき》にはどうなるのか。夏野は、未来図を描き、そのコピーまで書いてきた。すなわち、

「ゆりかごから墓場まで、ドコモはいつもそばに」

「逃げるときは忘れずに」

「最後のお願い、オールリセットさせてくれ」

という三つのコピーである。

最初のものは説明するまでもないだろう。二番目のコピーは、火事になったときにこれひとつ持っていれば、必要な情報はいつでも引き出せる上、電話連絡もできるというわけである。

三番目のものは少し説明を要する。これは携帯を持っている人が死に際に口にする辞世の言葉ともいうべきもので、携帯には自分が常時使っているあらゆる情報が入っているため、たとえば恋人の電話番号といったマズいものもすぐに引き出せる。あとで家族争議を

起こさないよう、データをすべて消してから死にたいというのである。どこからこんなリアルな発想を得たものか、それはこの際、問わないことにしよう。

しかし、夏野がゲートウェイ部に関わり、会議にも頻繁《ひんぱん》に顔を出すようになると、私と夏野サイドとマッキンゼーとの対立はますます熾烈《しれつ》になっていった。それは理論うちあげ派の人間と現場で修羅場《しゅらば》をくぐってきた人間との意見の相違だと、私には思えた。

マッキンゼー側は、情報提供してくれる企業（以下ＩＰ）を一堂に集め、課金するコンソーシアム形式を提案していた。

「こんな素晴らしい携帯電話ができます。ご賛同の企業は集まってください。一情報に対し、これだけのお金を出してください」という方法である。

銀行や航空会社といったところからは掲載するためにテナント料を取るという、相変わらずのビジネス・モデルだ。

これに対し夏野と私は真っ向から反対した。

「未だ存在しないものに対して、企業がどんなにシビアなのかわからないんですか。集まってください、はい、お金を出してくださいと言ったところで、はい、わかりましたと企業が乗ってくれるはずがないじゃないですか」

ドコモとの付き合いで些少《さしょう》のお金を出してくれる企業はあっても、本気でビジネスをやろうという企業はまず乗ってこないのは目に見えている。

マッキンゼーも黙ってはいない。

「どうしても必要な情報を持っている企業なら、ドコモがお金を払うんですよ。ドコモという企業がやろうとしている新規事業に是非乗りたいという企業からは、お金を取れば、ドコモはそれだけでビッグマネーが入るじゃないですか」

「バカな！　そういう大上段なやり方では企業は絶対に乗ってきませんよ。まずこの事業に本当に賛成してくれる人を、企業のなかで一人でも探すことから始めなきゃ。本気で参加してくれる、その人に企業の上層部を説得してもらうんですよ」

「………」

夏野が提案した方法は私にはよくわかった。

「Win-Win」というモデルだ。

それはマッキンゼーが提案している「高いリスクを避けるため、あまねく情報を行き渡らせる」、そしてその情報を企業から「買い取るか、テナント料を取る」というモデルとはまったく違うものだった。

夏野の案を聞いて、私はようやくすっきりした。うん、これならいける、これなら魅力的なメディアができる。

情報サービスは、提供する側と提供される側双方の行き来があってこそ、魅力的なものに育っていく。

たとえばマッキンゼーの提案のように、ドコモが情報を一方的に買い取るとする。買い取られたＩＰは一時的には収入があるので、悪い気はしないだろう。けれど情報は買い取られたままで、発展はしない。情報は日々更新され、常に進化しなくてはユーザーに飽きられてしまう。そこがテレビや冷蔵庫を買うのと大きく違う点だ。

その上、たとえば金融関係を例に取ろう。「残高照会が携帯電話からできます」などと言って、銀行からお金を「払って」もらった場合、はたして三百以上の金融機関が乗っただろうか。わざわざお金を払って乗ってくれるのはドコモのメインバンクに限られたかもしれない。その場合、携帯を使うユーザーにとっても、その銀行を使っていなければなんら利益をこうむることはない。必然的にユーザーは限られてくる。

それに対し「Ｗｉｎ‐Ｗｉｎ」型というのは、ＩＰにとってこのメディアに載ることで新しいサービスの可能性が開け、ドコモにとってはＩＰのサービスが魅力的になればなるほど、契約者数を増やしていける。載せるメディアと載るメディアの両方がＷＩＮ（勝つ）できるというわけだ。

その好例が、後に述べるバンダイだろう。バンダイのコンテンツをドコモが「買い取った」場合、いまのように一ヶ月で二億円もの売り上げを上げるような大ヒットが生まれたとは考えにくい。なぜなら知恵と工夫を傾けたことが明確に跳ね返ってくるからこそ、ＩＰももっといいものをとパワーを投入するからだ。

この「Win-Win」を実行するために、夏野が立てた作戦はこうだ。

まず銀行から攻める。

横並び意識の強い銀行は、他行がやると聞くと、ではと話に乗ってくる可能性が高い。銀行が話に乗ったとなれば、ほかの企業への信用はまったく違ってくる。少なくとも「話だけは聞いて」くれるだろう。彼ならではの発想だった。

彼は一番最初の攻略先としてある都銀を訪ねた。前職時代の知り合いがいるからだ。

「真理さんも一緒に行きましょう」と彼は言う。

私が行ってもあまり役には立たないと思うけどと呟《つぶや》きながらも、ともかく彼と一緒にタクシーに乗りこむ。車のなかにいるほんの短い間に、彼はこれから会う予定の担当者の概要を説明してくれる。

「行ったらまず、副頭取が先日来社してくれた、そのお礼を言ってください」

彼は私にこう釘《くぎ》をさす。

銀行に行くと、責任者にまず私を紹介する。

「松永は、政府の税調委員をやっていまして」

相手の態度が幾分か柔らかくなるのがわかる。

リクルートでは誰も意に介さなかった政府の税調委員という資格が、銀行ではこんなにも効果があるものなのか。

「信用ある肩書き」を巧みに利用しながら、夏野は新規事業についての話を進めていく。銀行サイドも次第に話に引き込まれてくるのがよくわかる。

夏野の話が終わると、相手は言った。

「夏野さん、今度の話は筋がいいね」

しかし、着々と自分の方法で、ことを進める夏野に対し、マッキンゼーは警戒感を強めた。あるとき、私はマッキンゼーに呼び出された。

「夏野さんのやり方には、賛成できません」

「えっ、どうしてですか」

「コンテンツ事業は、何度も言うようにハイリスク・ハイリターンなんです。彼のやり方ではとてもうまくいくとは思えませんよ。それに……」

「それに……？」

「彼は単にベンチャーの副社長だったにすぎないじゃないですか。それも業績のよくない会社の」

「でも、いまの彼はすごく現実性の高いビジネスをしているじゃないですか。世の中の動きをすごくリアルに捉《とら》えていると思いますよ」

「ただ、彼はすごくパワーがあるだけに、うぶなドコモの若手社員が巻き込まれやしないかと心配なんです」

「巻き込まれる？　ですか。私は、むしろ夏野さんに若手を巻き込んでほしいんです。ドコモの社員もＩＰさんも巻き込んでこそ、新しい事業を興せるんじゃないんですか」

外界を知らないで育ったドコモの若手には、夏野のパワーは確かに刺激が強過ぎるのかもしれない。でも、だからこそ、私はこの温室に外の空気を持ちこんでほしかった。

私は、いま夏野が提案している方法の方が正しいと確信していた。

過去から来る偏見を捨てて、いま目の前にある考えや思考法を読みとってほしかった。

それが本当の知性というものではないのだろうか？

私はこう思ったけど、それは口には出さないままだった。

都銀が乗った！

「真理さん、すごいですね、夏野さんの交渉術は。詐欺師みたいですよ」

ＩＰ獲得のための企業訪問から戻ってくると、笹川はその日目にした夏野の「技」を興奮気味に、私に報告する。

まずは都銀から攻めるという夏野の作戦は見事に当たり、最初に訪れた都銀が話に乗ってきた。

「あそこがやるならうちもと、横並び意識の強い銀行は、ひとつが決まると次々と話に乗ってきますよ」

夏野は次に当たる都銀の態度も予想していた。

その予想も当たり、一挙に都銀二行が決まった。

都銀二行を決めたことは、その後のｉモードの運命を決定づけた。

「えっ。あのお堅い都銀が決まったんですか？」

「そうです。それも二行決定しました」

川端は社内の各部署を回って情報を伝えてくれる。いつもは一文字に結ばれた口元も、このときばかりは緩んでいた。

これにより、社内の評価は大きく変わった。

新規事業がどんなものになるのか、値踏み状態だった関連部署は、これをきっかけに本気のアクセルを踏むようになる。

地域ドコモ各社のやる気にも火を点《つ》けた。彼らにとって地銀という格好のターゲットが浮上したからである。

「四つのフェーズ」の考案などずっとキラーパスを出し続けてきた夏野だが、この都銀を決めたことは自らゴールにボールを蹴《け》り入れるくらいの大金星だった。

「銀行、銀行というけれど、携帯電話に銀行の情報を載せることがそんなに大事なんですか。毎日振り込みをするわけでも、残高を調べるわけでもないのに」

そんな反論をされたことがある。けれど、現在のｉモードのなかでも、金融系は最も多くのＩＰが乗っている情報のひとつだ。しかも最初にしっかりした企業を得ることで、ほかの企業の信用を得るという効果も絶大だ。

そのＩＰ獲得合戦に同行した笹川が、夏野の折衝シーンを目の当たりにして、最初に口にしたのが「夏野詐欺師説」だった。この言葉、笹川の驚きと畏敬《いけい》の念を表す最大級の誉《ほ》め言葉なのである。

笹川は相変わらず「すごいですよ」を連発している。

「ほら、企業の担当者の反応を窺《うかが》いながら、その人が興味を持っている方向に話題を変えていくんです、僕らの会社って、いままでそういう人っていなかったんですよね。淡々と自分の言いたいことだけ言って帰ってくる。彼は相手をノセて、こっちの思い通りの方向に話を持っていくんですよ。彼の話を聞いていると、まだ目の前に存在しないものなのに、本当にすごいものができるという気になってしまうんです」

夏野の口真似をして言う。

「携帯電話はいま、その買い替え需要だけでも年間一千万台売れているんです。そのうちの二割か三割がこの新しく開発される携帯を使うとして、三百万人です。これだけのユーザーが御社の情報を使えばそれだけでもすごいじゃないですか」

もちろん、その保証はない。企業によっては、「本当に二、三百万のユーザーを保証してくれるんですか」と念を押すところもあった。

「ねえ、真理さんが担当者だったら、すぐに乗ってくるでしょ」

「まあね、私は特に説得されやすいから……」

「そうですかあ」

「まあ、それはともかく、彼は話題の核心を捉《とら》えて話す名人だもんね。私にはとてもできない」

この事業によってＩＰが「どのような得をするか」は、相手を説得するときの一番のキーワードだ。

「これまでのドコモには、そういう発想はなかったんです」

「これまでのドコモは、商品を開発してきて、それを企業に買ってもらうというやり方だったんですね。商品を開発して、CMに多大なお金をかければある程度は売れた。そこには相手が、この新しい商品によってどのくらい儲《もう》かるかという発想がぽんと抜けていた。相手は、新しい事業の可能性を考えるから乗るか乗らないかを判断する。通常のビジネスでは当然のことなんでしょうけどね」

「そんなやり方ではだめだ」

夏野にこう叱《しか》られてばかりいた笹川だが、私への報告を聞いていると、それでも少しずつ外部との交渉の仕方を学びつつあるのがわかった。

「真理さん、航空会社も決まりましたよ」

「次はカード会社にも行ってきます」

夏野・笹川チームはIP開拓に弾みがついてくる。

夏野は外部との生きた交渉方法を若手に見せることで、格好のお手本となっているようだ。

「この教育効果だけでも、夏野さんがこのチームに入ってくれた価値はありましたね」

榎はこう言って、若手の成長ぶりを喜んでいた。

そんなある日、私は彼ら若手に「クラブ真理」に呼び出された。

「マッキンゼーの人たちが会議の司会進行をやっているのは、おかしいと思いませんか。どうしてなんでしょう」

部屋に入ると、私はいきなりこう切り出された。

「どうしてと聞かれても……。私も最初はそう思ったのよ。でも、いろいろ複雑な案件があるから、そう簡単にはあの場を仕切れるものじゃないのよ」

「仕切るという考えだから、そう思うんじゃないですか」

「どういうこと？」

「僕たちは、仕切られるんじゃなく、課題を共有する場にしたいんです、あの場を」

「そのためには、どうすればいいの？　誰か司会進行役を務められる人はいるの？」

私は若手連中が戸惑い、お互いに顔を見合わせるだろうと思い、その場を見まわした。予想は外れ、一人が手を挙げた。

「僕にやらせてください。マッキンゼーのようにうまくできないかもしれないけど、とにかくやってみたいんです」

マッキンゼーにその旨を伝えると、快く賛成してくれた。

毎週火曜の定例会を若手が司会するようになって、会議の雰囲気は一変した。進行のやり方に慣れないせいもあり、いや慣れないだけに他のメンバーから意見が活発に出るのだ。

榎もメンバーをしきりに挑発したり、促したりする。

「栗田君、この前と違うこと言ってないか」

「ところで、矢部君はどう思うんだ」

すぐに答えは返ってこない。それでも榎は根気よく意見を聞き出している。会議の時間はマッキンゼー主導のときより、だいぶ長くなっていった。

長過ぎる会議は、効率を考えると決してベストとはいえない。けれど、こと新規事業においては効率だけを重視していると、事務的な連絡事項だけに終始してしまい、議題についてメンバーが真剣に考える機会がなくなる。事業が膨らんでいかないのだ。

コンテンツ企画、ビジネス企画、システム担当と、各担当の進捗《しんちょく》状態を知り、お互いに課題を共有するようになると、「それなら、こうしたらどうですか」と他の担当からも思わぬ提案が出てくる。

「おう、それいいね。さすが鋭い」

榎もすぐに反応し、議論は以前には考えられないくらい活発に交わされるようになった。マッキンゼーが一方的に喋《しゃべ》っていたころには、黙ったまま俯《うつむ》いていた若手が活気づき、定例会議はいつの間にか午後いっぱいかかるようになっていった。

私の横にはマッキンゼーが座り、議論が間違った方向に進みそうになると、私にメモを渡してくれる。

「この件は、次回までに調べたほうがいいです」

会議でマッキンゼーと対立することは減り、私とマッキンゼーの間には頻繁《ひんぱん》にメモが行き来するようになった。

そんな合間にも夏野は、次々とIP獲得に乗り出している。航空会社、カード会社。

「コンサートチケットの会社もほしいですよね」

夏野はシステム構築に時間がかかる取引系の会社から攻めに入っている。

さすが、である。

十二月の発売に間に合わせるにはどの順番でやればいいか、彼の頭のなかにはきちんとロードマップが描かれているのだ。

けれど存在しないものに対してシビアなのは女性だけではない。企業も同様だ。売りこみに行った会社からけんもほろろに断られたり、そんな大事な事業の話をただのヒラが持ってくるのか、もっと上の人を連れてこいと追い返されたりした。

「NTTさんにはキャプテンのときにひどい目にあわされましたからね」

と企画書を突き返してきた企業もある。

決定と拒絶と、メンバーはこの二つの間を、喜んだり悔しがったりしながら行ったり来たりしていた。

「この大きさではねえ。通信速度も遅いですよね」

なかなかいい感触は得られない。

賛同してくれた人は、若手が多かった。なぜなら企業の上層部の人にはメールやパソコンを日常的に使っている人が、まだ少なかったからだ。ドコモの内部でさえ、会議では反対意見が出たくらいだ。面白さは、それを熟知しているからこそ理解できる。けれど、その可能性、面白さを理解する若手は、若いだけに仕事の現場では権限がない。IP獲得にはこんなジレンマがあった。

企業にとっても大きな賭《か》けだったと思う。このときのドコモと企業の関係を夏野はこう表していた。

「企業と僕ら新規事業を開拓している人間は、同じ泥舟に乗っているんだよね。どちらかが漕ぐのを止めたとき、船は沈んでしまう。でも両方が一生懸命に漕げば、大きなメディアに育っていくんだよ」

私たちの賭けに乗ってくれた企業と乗ってくれなかった企業があるのは、ある意味で当然とも言える。いまでは余裕を持ってこう言えるけれど、当時は歯軋《はぎし》りすることのほうが多かったのも事実だ。

私と栗田はゲーム会社を攻めていた。

リクルートのゲーム誌の編集長から紹介してもらい、まずは有名なクリエーターに会いにいった。

一回目、iモードの概要を説明する。

二回目は、このiモードに興味を持ってくれたかどうか、IPとして参加してくれるかどうかを打診することになった。

ところが二度目のアポがどうしても取れない。

「済みません、海外に行くことになりましたので、きょうはだめなんです」

「まだ、ピンとこないからお会いしてもはっきりしたご返事はできないと思うんです」

そうこうするうちに一ヶ月は瞬《また》く間に過ぎ、いつのまにかこの話は立ち消えになっていた。

もう一人、有名なゲームクリエーターを紹介してもらったが、会っている間は話題も豊富で面白いのだが、肝心の話がなかなか進展しない。

私の惨状に手を焼いたのか、夏野はアドバイスしてくれる。

「アーティストから攻めるのは間違いですよ。彼らは自分が面白いと思ったものしかやりませんから。彼らにモノクロ、文字ベースでやる気を出してもらおうなんて、まず無理ですね」

御説ごもっともである。私のアーティスト好き病が出てしまった。私はモノクロのゲームでもいいコンテンツを持つゲーム会社に切り替えた。

そんななか、八月の夏休み明けに飛び込んだバンダイが、強い興味を示した。スペックの高機能ではなく、通信という仕組みを使って何か面白いことができないかと、バンダイは考えてくれたのだ。ゲームを高度にするのではなく、単純なものでも面白い遊びを考えていた。

「それいいねえ」「だったら、これは」と仕事に遊びと余裕を持ちこみ、掛け合い漫才を聞いているような楽しさがある。それはたった一人で、何かを考案するのではなく、チームで作り上げていく楽しさである。

サービス開始まであと四ヶ月しかない。それに間に合わせるためには、個人の枠を超えて組織として動く必要があった。

バンダイはいち早くｉモード専用のチームを立ち上げてくれた。

彼らにとってｉモードが魅力だったのは、少額課金だった。

というのもかつてバンダイは、キャラクター画像販売をパソコンでやったことがある。スクリーンセイバーと呼ばれる画像焼き付け防止用の動画ソフトだ。しかしこれは価格が三千円以上もしたためあまり売れなかった。

パソコンではデジタルコンテンツの不正コピーが日常的に行われるため、それを差し引いた額でしか売り上げが立てられないのだ。ところが、ｉモードの場合はコンテンツをネットからダウンロードするが、携帯電話からは情報を取り出せない仕組みになっている。それは著作権の保護につながる。コピーされる心配がないと一人当たりの課金を安くしても、広がっていけば充分にビジネスとして成立する。

加えてバンダイは九六年の一月に次世代ゲーム機「ピピン＠マーク」を発表したが、九八年にこの事業から撤退している。

私と栗田が飛び込んだときは、まさに撤退したばかりで十数億円かけて設置したサーバーがすでに使われないまま存在していた。開発したスタッフもいる。「ピピン」の手痛い遺産がｉモードで花開く下地になっていくのだ。

私と栗田にとっても、夏野・笹川チームがどんどんＩＰを獲得していくなかで、ゲーム会社がひとつでも決まったことは嬉《うれ》しかった。

その後バンダイは、ｉモードが五百万人の契約数を突破したとき、有料情報で百万人のユーザーを獲得した。在庫リスクも流通コストもないインターネットのコンテンツ・ビジネスで、バンダイはいち早く大輪の花を咲かせた。

「iモード」誕生

シンクロニシティ（共時性）という現象がある。ユングという心理学者が追求したことでも知られているが、お互い何の因果関係もない二つのことが、同時に起こることをいう。重要な発明発見が別の学者によって世界で同時期に起きるなど、要は偶然の一致のことである。

この偶然の一致がなぜ起きるのか。ユングは人間の心の奥には、あらゆる人に共通の無意識の領域があり、同じ課題を集中して考えている人々は、同じ場所、すなわち同じ解答に到達するのではないかという。

現代のように情報の氾濫《はんらん》している時代では、ひとつの刺激がすぐにほかの大勢の人間に伝わるのは早く、ドーキンスはそれをミーム（抽象的な遺伝子）と名づけた。ある人の考えが社会に公表されると、その概念は次々と広がっていく。まるでその考えは遺伝子のようだというわけである。

シンクロニシティにしろ、ミームにしろ、一人の人間のひらめきは決してその人だけのアイデアではなく、だからこそ大勢の人間に共鳴し、支持されていくのだろう。ヒントはあらゆる場所に潜んでいる。見つけたときには、それはずっと前から当たり前に存在していたかのように。

私はその日、ニューヨークの「インターネットワールド」の会場にいた。九七年十二月、コンテンツの「華」を求めて、パリ、ニューヨークに出張したときのことだ。パリでミシュランの、ニューヨークでザガットの関係者に会い、交渉したあと、私たち一行は、この展示会を視察していた。

コンピュータ関係のカンファレンスとしてはラスベガスの「コムデックス」（コンピュータ見本市）が有名だ。しかし、インターネットが爆発的に普及した現在では、ＩＢＭといったハード系の企業もこちらに大きな重点を置き始めていた。この会場でもフロア中の天井という天井から、「ｅ‐ｂｕｓｉｎｅｓｓ」と書かれたＩＢＭのポスターがぶらさがっており、ロゴの入ったブルーのパッケージを持った人があちこちで目についた。

会場では、今後のインターネットビジネスの可能性について激しい売りこみや、議論が行われている。英語がわからなくても、臨場感のためか、ディベートがわかった気になって面白い。

夏野はテーマをいろいろ吟味しては積極的に動き回っているが、私はひたすら、その熱気に溢《あふ》れた空気を感じていた。

「ｅ‐ｂｕｓｉｎｅｓｓ」

会場を歩き回っていた私は、そのロゴに引かれた。

ＩＢＭというこれまで大文字のイメージの企業が、小文字のロゴを使うところに興味をそそられた。ハードといった器械が大文字なら、ソフトといった情報は小文字か。

今回のサービスは、小文字がいいな。そのとき私のなかに、こんな考えが芽生《めば》えた。

「ランプっていうのはどうでしょうか。魔法のランプのイメージにつながるし」

「インターネットワールド」からおよそ三ヶ月。IPに対してもいつまでも「(仮称)携帯ゲートウェイサービス」で話を持っていくのは、あまりに堅すぎる。

私たちはネーミングを決めるための会議を何度も行っていた。広告企画などの外部ブレーンを含めてのブレストだ。「もの」は名前を持って初めて、生きはじめる。名前を持って初めて、身近になり人に愛される。それは人も物も同じだ。こんな風に育つように、こんな風に育ってほしい。親は、自分の生んだ子供に、さまざまな期待をこめて、名前を付ける。私たちの「新しい携帯電話」は、どんな風であってほしいか、どんな風に育ってほしいか。私たちはとことん議論した。

「サンダーバード。宇宙家族のイメージはどうかな?」

「あの時の執事がいたじゃない。モネって」

「でも、もうその名前は使われたよ」

必要な情報がチャチャッと手に入りそうな「ピット君」。

モバイルとギアとインタラクティブを合わせた「MOGI(モギー)」。

ドコモと語呂が合いそうな「ココモ」。

「どこでも、ここでもアクセス可能、なんてね」誰かが言った。

さまざまなアイデアのなかで、人気が高かったのは「ぴぴっと」と「モバスター」だった。「ぴぴっと」は、ピッとかければピッとわかる。「モバスター」はモバイルプラスアスタリスク、つまり動いていてもなんでも付けられるという意味だ。けれど、「ぴぴっと」は、そのときはもちろん知らなかったけど、IDOが使っていたためボツに。モバスターは、いかめしい語感でイマヒトツ。

「じゃあ、モバつながりで行きましょうよ」と夏野が提案した。

これは二つの名前をミックスするネーミング術だ。有名なものでは「ゴジラ」。これは「ゴリラ」と「クジラ」を足して二で割ったものだ。いまではこの名前からゴリラはともかくクジラを連想する人はいないくらい有名な名前になってしまった。

「たとえばモバンク、モバシティー」

まだどれもブレークしてこない。必ずやピンとくる名前があるはずだ。

「ネーミングは真理さんが責任を持ってやってくださいよ」

夏野は無情にもこう言い放つ。

言葉とは不思議なものだ。

「コンシェルジュ」という言葉を見つけたときもそうだったが、いくつものネーミングを考えてきた中で、「これだ！」と思う言葉を見つけたときにはいつも快感にも似たものが身体《からだ》を走る。たったひとつの言葉が、これほど人を歓《よろこ》ばせるなんて。

私の危機を救ってくれるのはいつも「言葉」だった。

リクルート時代のことだ。リクルート事件で会社の内部が意気消沈していた頃、「ビーイング」の発行部数は競合誌「デューダ」の追いあげに苦しんだことがある。「とらばーゆ」には「サリダ」というライバル誌が出てきた。会社にとっては危機的な状況が続いていた。

この状況からどうにかして抜け出したいと会社全体はもがいていた。「とらばーゆ」もさらなる新鮮味を出さなければならない。私は新しいコピーを作ることにした。

「とらばーゆ」のキャッチ・コピーを電通に頼むとき、私は言った。

「ヒットはいりません」

「はあ……」

「ヒットはいりませんので、どうか、ホームランを打ってください」

「！」

依頼されたほうも大変だったと思う。何度かNGが出た。これは違う。これではない。もっと、これだという言葉が必ずある。

「ワタシにキッス」

「私の二四時間ですもの」

この二つのコピーが次々に出されたとき、私の身体はびびっと反応した。

「ありがとうございます。これは確かにホームランです」

このコピーのお陰で、「とらばーゆ」の売り上げは伸び、それに歩調を合わせるかのように、他の雑誌の部数も伸びてきた。会社はもとの活気を取り戻してきた。

言葉は、そこにあるはずなのに、よく見えないものに強烈な光を当ててくれる。言葉は「シンデレラ」の魔法使いが使った杖《つえ》のような働きをする。言葉の衣装をまとうことで灰が落とされるのか、とても魅力的なものに生まれ変わるのだ。それはひとつの会社を生まれ変わらせるほどの力を持っている。

そんな言葉をまた見つけなければ。混沌《こんとん》の海から、これという言葉を浮かび上がらせるのだ。


携帯電話を手にして眺めてみると、電話機のマークに目がいく。

マーク、記号にする、というのがいいなあ。

電話の機能が、電話機マークなら、このサービスはどんなマークだとピンとくるか。

そのとき、反射的に思いついたのが、「i」。

空港のツーリスト、インフォメーションなどでよく見かける記号だ。しかも、小文字の「i」だ。

「アイだわ。栗ちゃん、アイよ、アイ」

　私は栗田に向かって叫んだ。

　脳の奥深くに潜んでいた部分に光が当たり、衣装を着替えて浮かび上がってきたのだ。

　たとえば空港など、世界中の言葉の違う人が集まる場所には「i」という「場所」が必ずある。ツーリスト・インフォメーションの頭文字だ。そこに行けば、その国の言葉がわからない人でも役に立つ情報が得られる。同様に新しい携帯電話も「i」というボタンを押すだけで、いつでもどこでも電話からインターネットに切り替わる。この文字を押しさえすれば、「!」(びっくりマーク)の情報が得られる、そんなイメージが頭に浮かんだ。

　この「i」はインタラクティブ(双方向に行き来する)、インターネットの「i」、そして私の「i」でもある。日本語の「私」、私の独立宣言に通じるところもいいではないか。「ワタシにキッス」といい「私の二四時間ですもの」といい、今度の「私の携帯電話」といい、私は常に「私」に戻ってくる。

　それは何十万人をターゲットにしたメディアでも、手にしてもらったときには「これは私のもの」という感覚を持ってもらいたいと、「私」が願っていたからだろう。読者の「私」は何十万人のなかの一人ではない。私はいつもたった一人しかいない私なのだ。

「真理さん、それっていいですよね」

　栗田がすぐに賛成してくれる。

「でも、iだけじゃ、ドコモの場合、iサービスなんてダサい名前を付けられてしまいますよ」

「そうなったら確かにすごくつまらないよね。そうか、『ドコモのケータイi』っていうんじゃ、だめかしらねえ」

私は日本で受け入れられる名前は七五調、中でも五文字が多いと思っている。「とらばーゆ」や「コカコーラ」という風に。

「iつながりで行きましょう、真理さん」栗田は次々と考案してくる。

「iコンパクト」「iキャッチ」「iドライブ」「iコン（アイコン）」

「アイコン、ねえ」

「パソコンの画面にある絵記号もアイコンですから、紛らわしいかもね」

悩みに悩んだが、もうこれといっていいのは出てこない。

あるコンサルタントは「ドコモが決めれば、その名前が認知されるんですよ」などと言う。そういう考えがね、と喉元《のどもと》まで出かかったけど、ほかにいいアイデアが出ないのでは、そう言われても仕方がないと、ぐっと飲み込んだ。

新しい商品を市場に出すとき、生みの親たちはそのネーミングに大変な労力をかける。名前のよしあしによって、売れ行きが大きく変わってくるからだ。

それにしても、あと一歩というところで、いいアイデアが出てこない。

「栗ちゃん、もういいよ、iだけで行こうよ」

もうギブアップ寸前だ。これだけ考えても出てこないのは、これで行けということか。

私の言葉にも拘《かか》わらず、栗田は毎朝しつこい程に私のデスクにやってきては「i」の下につける言葉の候補を置いていく。

その朝も、またかと多少うんざりしながらも、目を通していると「モード」という言葉が目に大きく迫ってきた。

「栗ちゃん、これいいよ、モード、iモードだよ。モードを切りかえるというし、ファッションにも通じて、語感もシャレてる」

それに五文字がいいという持論にも合っている。これならいける。私は確信した。

決定してから三ヶ月後、アップル社から「iマック」が発売されることを知った。そして発売と同時に、半透明のボディとデザインが受けて、瞬く間に市場に広がっていった。

周りを見渡してみると、リュック・ベッソン監督の「タクシー」という映画も『TAXi』と最後のiだけがなぜか小文字になっている。

これからはいかめしい大文字のビジネスではなく、優しい小文字のビジネスにその趨勢《すうせい》は移っていく。その大きな流れのなかに「iモード」は確かにある。その先陣を切った存在として。「(仮称)携帯ゲートウェイサービス」は、「iモード」という名前を得て大きく動き出していった。

NYでザガットを口説く

私たちはパリ行きの飛行機のなかにいた。

私たちとは、夏野、笹川、私の三人である。季節は冬、パリでも最も寒い時期にあたる。パリからそのままこちらも寒いニューヨークに直行とあって、私は毛皮の帽子とムートンの手袋を新調した。私は連日の疲れもあり、機内では眠ることしか考えていなかった。

笹川がなにやら悩んでいる。仕事のことを考えているのだろうか。

「笹川君、どうかしたの？　気分でも悪いの」

「いや、考えているんです」

「何を？」

「はい、機内食を和にするか、洋にするか。前菜は和に引かれるんですが、メインは洋がいいかなと」

私はずっこけた。

「両方もらえばいいじゃない」

「そうはいきませんよ。これでも育ちは悪くないほうなんですから」

夏野はと見ると、どこに行くときも手放すことのないパソコンになにやら打ち込んでいる。彼にとってフライトは仕事をする絶好の時間だった。彼はそのあと何十回、何百回ともなく世界を飛び回ることになるが、ひとつのミーティングが終わり、次の移動の間に日本にいる私たちのところに議事録が送られてきたものだ。

仕事に余念のない夏野を横目に、私は飛行機の揺れに身を任せて、ゆっくりと目を閉じた。

ドコモに入社しておよそ半年、慣れない職場と用語で緊張していたのだろう、土曜日は朝から夕方まで眠れるだけ眠り、ようやく元気を取り戻すという毎日を続けていた。日曜日にはその週の新聞すべてに目を通したあと、一週間分の掃除、洗濯をするという潤《うるお》いのない生活。

夫は土曜日も仕事に出かけるが、帰ってくると素早くスパゲッティなどの簡単だけどおいしい料理を作ってくれる。どんなに忙しくても食べることには決して手を抜かない夫のお陰で、食生活だけはどうにか保っていられることに感謝せずにはいられない。

多忙なビジネスだけの生活。そんな生活を私が送ることになるとは。編集長時代は、どんなに忙しくても、友人と会っておしゃべりしたり、映画を観たり本を読む時間はあった。慣れた仕事の場合は、多忙ななかにも息を抜く時間を作り出すことができる。この仕事とこの仕事の合間にこれくらいの時間が空くという予想が立つからだ。

この半年というもの、まったく仕事一色に染まっている。そんな殺伐《さつばつ》とした生活を思い出し、私は小さなため息をついた。

今回のパリ行きはドコモの仕事では二度目だ。最初は九月末。フランスで成功している「ミニテル」が、一般の人にどのように使われているかを実際にこの目で確かめるための出張だった。

フランステレコムでは、八〇年代にコスト削減のため分厚い紙の電話帳を廃止し、代わりに電話番号が簡単に調べられる「ミニテル」四百五十万台を無料で配った。そのなかに現在では二万五千ものサービスが収められている。

主なものを挙げると、銀行をはじめとする公共料金の課金状況、飛行機、列車、演劇などのスケジュール案内に連動したチケット予約、不動産情報などだ。

一番よく使われているものは、その当初の目的から電話番号であるのはわかるとして、次に多いのが銀行関係だった。

「フランス人はお金に細かいから、金利が変わるとすぐに高いほうに移し替えるんですよ」

通訳の女性はこう説明してくれた。

「私は部屋を借り替えるときに使ったし、国鉄のチケット予約は日常的に使っているわね」

二度目の今回は「ミシュラン」の編集長に会うためだった。

iモードはインターネットにある既成のコンテンツをうまくアレンジして使うことになっていたが、それだけでは競合との差別化が図れない。話題性のある、華となるコンテンツを是非とも入れたかった。ただし、画面はモノクロで画像は出ないという制限がある。その制約のなかでブランド性があり、海外の匂《にお》いも入れたいと考えた結果、浮かび上がったのがレストラン・ガイドだった。

情報サービスに「ミシュラン東京ガイド」を載せれば話題になるだろうという目論見だ。私をはじめメンバーはグルメ、その趣味にもかなっている。

「ミシュラン」はタイヤの会社が、タイヤを売るために地図を作ったところから始まった。ただ地図を作り売るだけではおもしろくない。その路線にあるおいしいレストランを紹介しよう、ついでにランクもつけてしまおうという発想でブランドを確立していった会社だ。

ミシュラン本社は歴史あるアパートメントを連想させる七階建ての建物だった。編集長は、いかにも歴史ある会社で働くプライドを滲《にじ》ませた礼儀正しい六十代の紳士だった。

ミシュラン編集長には、あらかじめ「是非ミシュランの東京版を作りたい」とこちらの希望を話しておいた。

挨拶《あいさつ》が終わると、編集長はこう切り出した。

「東京版を作るためには、まず東京で秘密調査員を雇わなくてはなりません」

ミシュランでは、会社独自の「秘密調査員」というのがいるのだと、彼は話す。レストランには普通の客として行くため、誰がその任を負っているかは明らかにされていない。その調査員が一年間密《ひそ》かに食べ歩き、その調査結果を出すには少なくとも一年半はかかるというのだ。これではとても十二月のサービス開始に間に合わない。

「秘密調査員を雇い、彼らが調査するまでに、その費用は約六億円はかかります」

私たちは、いっせいに顔を見合わせた。六億円だなんて！

料理を食べるために、長い時間とお金をかけて調査員を育てる。それは、レストランで食事したあと「きょうの料理は……」と批評することが教養につながる国独特のものだった。一気に本を作り、それを携帯電話に載せようという私たちの慌《あわただ》しいビジネスとは、テンポが違っていた。

残る希望はニューヨークのザガットだ。

私たち一行は、ミシュランでの商談は不成立に終わったものの、せっかく来たのだからと、その夜はシャンゼリゼ通りの三ツ星レストラン『ピエール・ガニエール』で食事をした。仲介の労を取ってくれたコーディネーターへの慰労の意味もある。

『ピエール・ガニエール』はグレイッシュな内装に、椅子《いす》がストライプ、伝統的なフランス料理というより新しい創作料理の店だ。フルコースのあとに出てくるデザートがすごい、それだけでお腹がいっぱいになるほど次から次へと出てくる。さすがの私も食べきれなかった。

食べ終わるとすぐにニューヨークへ出発という強行スケジュールである。ケネディ空港に到着したのが時差の関係で夜の十時頃。その夜にはすぐにまた、『ジャン・ジョルジュ』というレストランでコーディネーターの矢野文子さんと待ち合わせだ。余談だが、このレストランは、坂本龍一もお気に入りの店だ。女優の鶴田真由が坂本に取材をしたとき、彼はこのレストランに鶴田を案内していた。最先端のアーティストが好む、そんなスノビッシュなレストランである。

パリでフルコースを終えたばかりなのに、またすぐにフルコース。場所が変われば、お腹もまた別なのか、メンバーはこちらのフルコースもどんどん片付けていく。連続でフォアグラを食べたせいか、私の腕には次の日、めったに出ることのない蕁麻疹《じんましん》が出てしまった。

「私、蕁麻疹が出ちゃった、もうフォアグラは――」

私は笹川に言った。

「フォアグラはもう二度と、二日連続で食べないことにするわ」

「ザガット」は日本ではミシュランほど有名ではないが、アメリカではレストラン・ガイドとして最も成功している会社だ。こちらはミシュランとは違って「ザガット方式」という投票によって点数づけをするガイドブックだ。

ティムとニーナという五十代の夫婦で経営するこの会社はニューヨークだけでも百万部を発行、その他全米の主要な四十都市で発行しているため、二人は悠々自適の生活ぶりである。

学生時代に知り合い結婚した二人は卒業してともに弁護士になった。食べ歩きという趣味が一致していた二人は、仕事の合間を縫っては、いろんなレストランを食べ歩いたそうだ。あるとき、自分たちが行った店に点数とコメントを付けて友人たちに見せたところ、大いに受けた。そこで、これを小冊子にして売ったところ大当たりしたというのが会社創立の経緯だ。

当初ザガット側は私たちの提案にあまり乗り気ではなかった。これは、彼らには読めない、日本語という言語のせいでもあった。日本のほかの会社からすでにこの「ザガット方式」を使って東京のレストランを評価した本を作りたいという申し込みもあったという。

私たちがザガットにこだわったのには理由がある。ニュースやゲームといったコンテンツは、どのメディアにも載っている。何かひとつでもそのメディア独自のものがほしかったからだ。三越がティファニーを入れたことで双方のブランド価値が上がったように、新しいメディアからも何か大きなコンテンツが育ってほしかった。

パリのミシュランが京都の懐石料理なら、ニューヨークという街は東京に似ている。地方やいろんな国から人種が集まり、レストランも次々と模様替えしていく活気のある街だ。

唯一英語の話せる夏野はドコモという会社について懸命に説明していた。そのなかのひとつの数字が彼らの耳を捉《とら》えた。

「ドコモは売上高が三兆円の会社です」

ドコモの売上高は一九九四年の八千六十九億円から、加速度的に成長し続け、九七年当時は三兆円間近、翌年の九八年には三兆千百八十三億円と四年間で四倍の伸びを記録していた。

「オウ、リアリイ？　グレイト！」

夫婦は同時に声をあげた。

夏野は相手がどういうところに興味を持つかを瞬時に見抜く才能がある。

「それに松永は元編集長で、政府の税調委員も務めています」

経営者は、税金という言葉に弱い。

「アンド」と夏野は続ける。

「この笹川は、日本では知らない人のいないフェイマス＆リッチな家庭で、彼のところの財団はロスチャイルド家のファンドよりもビッグなんです」

それからは「グレイト！」「スプレンディッド！」の連続で交渉はスムーズに始まった。

私はここぞとばかりに日ごろ考えていることをニーナ＆ティム夫妻に説明した。

「私たちは、人を育てるように、メディアを育てていきたいんです」

NHKの朝の連続ドラマが多くの女優を生み出し育てたように、私はいまから行う事業から優良なコンテンツが新しく発生してほしかった。コンテンツが育ち、メディアが育ってほしかった。

夏野は私の説明の「育てる」というキーワードを「ナーシング」という英語に訳してくれた。

「オウ、ナーシング」

夫妻には、ザガットは自分たちが生み、育てた子供だという意識があるようだ。それに二人の子供を持つニーナは、その言葉が大いに気に入ったようだ。ここでも夏野の「説得力」は多大な効果を発揮した。

このあと、何度かニューヨークに行き、夫妻とすっかり仲良くなった私たちは、夫婦の私邸にも招かれた。ニューヨークの郊外にある彼らの家の周辺は見渡す限りの平原である。屋上のテラスからは水平線まで見渡せる広大な土地に、

「さすが、アメリカ、広いわねえ」と驚いていると、

「いま見えている土地のすべてが私たちのものです」

夫妻は平然と言った。二万坪の土地は、レストラン・ガイドで会社を興した夫婦の、アメリカン・ドリームの結晶であった。

私たちがIP発掘の旅として、何度かニューヨークを訪れたこの期間は、クリントン・スキャンダルの嵐《あらし》が全米を覆《おお》っている時期でもあった。

誰もがクリントンの噂《うわさ》をし、「クリントン・ジョーク」という本まで出回っていた。ティムはこの本の愛読者らしく、レストランで食事をしているときも、しきりとこのジョークを聞かせてくれる。

参考までに、ひとつ紹介すると。

クリントンとローマ法王が同時に死んだものの、神様は間違ってクリントンを天国にやり、法王を地獄に落としてしまった。慌てた神様は、二人を入れかえるよう命令した。クリントンは下りの、法王は上りのエレベーターに乗り、二人がすれ違ったとき、法王はクリントンに尋ねた。「マリア様は元気かね」するとクリントンはこう応《こた》えた。「イッツ・トゥー・レイト」。

「マリアさま（の処女）はもう僕が頂いたよ。だからもうレイト、遅いよ」というわけだ。

ティムはこんなジョークをいくつも発しては、一人大声で笑っている。

「クリントンは悪いことをしたかもしれないけど、我々を楽しませてもくれたよ」

これがクリントン・スキャンダルに対する一般的アメリカ人の反応であるかどうかは保証しかねるが。

「一般的」といえばこんなこともあった。ザガットの夫妻が日本を訪れることになった。

彼らは、私邸に私たちを招待してくれた。お返しに私たちも、と言いたいところだが、招待するにふさわしい家がない。

「普通、家に招待することはしないんですが……」

笹川は不承不承だが、自宅である笹川邸を使うことを承知してくれた。

私も夏野も、部内の誰もが訪れたことのない白亜の豪邸だと聞く。興味津々の私たちは、入るなり通された居間の広さに圧倒された。百平米はある居間の向こうには芝生が敷きつめられた庭が広がっている。

もっと驚いたことには、夫妻のために日本の伝統の食べ物を食べてもらうために、居間には寿司カウンターが据えられていた。カウンターの向こうには二人の寿司職人が、たった八人の客のためにすべての仕込みを済ませて、立って待っているではないか。

「オウ、グレイト、スプレンディッド」を連発する夫婦に夏野は厳かに言い渡した。

「最初に言っておきますが、ここは日本の一般的な家ではありません」

確かに犬を散歩に連れていかなくても、庭に放せば運動になるなんて家は日本では滅多にあるものではない。かつて「日本の家はうさぎ小屋」と誰かが言ったことがあるが、その言葉を発した人がこのドコモの「ヒラ社員」の家を見たら、日本の現状は大いに変わったと誤解するかもしれない。

寿司をほお張りながら、夏野は笹川に尋ねている。

「お前、どうして就職なんかしたんだ」

笹川が応える。

「はい、人生修行です」

「人生修行ねえ」

このあと私たちは、仕様凍結という身も心も凍結させられるような最後通牒《つうちょう》を受け、発売延期で足元が崩れるような思いをし、たった七人の記者会見という屈辱を味わうなど、何度も谷底に突き落とされるような経験をすることになる。

そんな予兆を感じることもなく、私たちは笹川家のなじみの寿司屋が用意してくれた上等の寿司を次々と口に入れていた。

eメールを電話感覚で

「一〇〇グラム、一〇〇ccを切ること」

iモードを作るに当たって、榎はまず目標値を明確にした。

「音声通信にデータを載せるとはいっても、PDA(携帯情報端末)ではないんです」

会議の席、あるいは雑談の最中に、榎はことあるごとにこう言っていた。

電子手帳のような小型の情報機器に電話機能を付けたものではなく、携帯電話の顔をした端末であること。榎は、これを強調したのだ。

「あくまで電話です。普通の携帯電話にしてください」

榎がここまで主張するには理由があった。

ドコモに限らず他社からも、これまでに何回となく携帯電話でデータ通信ができる端末は開発されていた。全面液晶画面のものから電子手帳くらいの幅広の携帯電話まで、メーカー各社は、いろんなタイプのものをすでに市場に送り出していた。

ところが、そのどれ一つとして受け入れられたものはなかった。その原因を、榎は端末のデザイン、重量、大きさ、電池の持ち時間にあると分析していた。

いくらデータ通信が可能だからといって、カッコ悪くて重さが一五〇グラムもあり、電池が数時間しか持たないものを、誰が持ち歩いてくれるだろう。重い端末を持ち歩くのは、一部のハイエンド系の人たちであり、今回我々が狙《ねら》う一般ユーザーではない。

そう考えるのはゲートウェイ部だけであったらしく、外野からは散々こき下ろされた。

「見やすくするには、もっと画面を大きくしたほうがいいよ」

「せっかくインターネットに繋《つな》がるんだから、液晶をカラーにすればいいじゃないですか」

「手書き入力の機能も付いていれば便利だと思うよ」

そういう意見が出るたびに榎は答えていた。

「一〇〇グラム、一〇〇ccを切って、電池の持ち時間が現行機種と変わらなければ、オーケーです」

榎の目標値は一度も揺るがなかった。

そうなると「あれもこれも付け加える」方法は成立しない。いかに無駄な機能を殺《そ》ぎ落とすかに、端末開発の方向は向かう。

コンパクトであること。この思想はｉモード開発の隅々まで行き渡る。

次にどんな通信方法を取るかである。

ユーザーにとって、通信費は安ければ安いほどいい。安くするための宝の山がドコモにはすでに存在していた。パケット通信である。

そのパケット通信を採用するに当たっても、榎はある確信を持っていた。

少量のデータを間欠的に（一定の時間をおいて）やり取りする対話型の通信に、このパケットは向いているのだ。大画面で大容量のデータを見るより、コンパクトな情報を時々見るのに適している。

ドコモでは「Ｄｏｐａ（ドゥーパ）」というデータ送信用の商品を開発しており、これで使っていたのがパケット通信だった。

「パケットとは小包の意味で、データを小さな小包みに分けて送るんです」

「どうやって送るんですか？」

榎に私は質問した。

「送受信するデータに、これは私の小包、これは彼の小包と個別識別用の情報をつけて、同じ回線を複数のユーザーで共有するんです。つまり一つの回線を一人で使うんじゃなく、複数のユーザーが共有するんです」

「バスの相乗りみたいなものなんですね」

「うーん。高速道路を大型トラックが走ったら、それだけで道路を占領してしまうけど、バイクだったら何十台も通れるでしょ。どっちかというと、そっちの例えのほうが近いかな。バスと違ってバイクはそれぞれ目的地が違っていてもいいじゃない。バイクが到着した時点で、パケットに分けられた荷物がまとめて渡されるということかな」

榎は続ける。

「それにユーザーにとっては電話回線のように接続した時間で料金を取るんじゃなく、送受信したデータ量に課金されるから〝つなぎっぱなし〟にもできるんです」

「使いなれない人がもたもたしていても、その間の料金は取られず、送受信したデータだけにお金がかかるということですね」

「パケットは、携帯でゆっくりデータを見るようなタイプの通信には向くんです。大分わかりがよくなってきたじゃないですか、真理さん。そういうことです」

「！　でも、送受信というところが気になりますよね。つまり送るほうにお金がかかるのは当然として、受信するほうにもお金がかかるというのは……」

「そうだけど、メールの受信にお金がかかるのはインターネットでは常識です。パソコンを使っているときにダイヤルアップしたらお金がかかるのと同じです。一回につき一円程度なんです。これを差し引いたにしても、やはり一番安い方法なんですよ」

「まあ、そうですね」

「うーん、どっちがいいだろう」

一〇〇グラム、一〇〇cc、それにパケット通信については確信を持っていた榎も、インターネットの接続にどの方式を使うかでは、悩みに悩んでいた。

当時、携帯電話でインターネットにアクセスするためには二つの方法があった。

一つはWAP《ワップ》方式で、もう一つはインターネットの標準であるHTML／HTTPという方式だ。

WAPはワイヤレス・アプリケーション・プロトコルの略で、フォンコム、ノキア、エリクソン、モトローラといった企業が、これを世界標準にしようと世界中の移動通信関連企業に呼びかけていた。

「世界標準」という旗を最初に振られれば、移動通信各社はバスに乗り遅れてはならないと我も我もと押しかける。かつてビデオが開発されたばかりの頃、ベータとVHSの二種類が市場に流れ、ユーザーはどちらを選ぶか大いに迷ったものだ。「世界標準」とは言っても、「そうしたい」「そうするために多くの企業参加を」と呼びかけているわけだから、本当に世界標準になるかどうかは、神のみぞ知る、だ。

榎の前には二つの道があった。

迷っていたとき、榎は信頼する技術者からこんなアドバイスを受ける。

「コンテンツが重要だと思うなら、いまインターネットで使っているHTMLのほうがIPは乗りやすくなるでしょう」

その言葉に榎は「よし、HTMLにしよう」と反応した。

「えっ、世界標準じゃなくて大丈夫なの？」

社内からも、こんな声が聞こえてくる。

「WAPがいくら世界標準を目指していると言っても、その仕様はいつ決まるかわからないんです。それよりすでにいまのインターネット標準であるHTMLだと、IPさんはすでにできているホームページで使っているものに少し手を加えるだけでいいからエントリーしやすくなるんです」

榎は社内に、こう説明して回った。

当時、「WAPフォーラム」に参加する予定だったドコモとしては、榎の説明を聞いたあとも、しばらくは反対があったという。

「フォーラムに参加したあとだったら、WAPにしたかもしれないねえ」

榎は後にこう語ったが、結果的にこの選択は大正解だった。というのはiモードが発売されたあと、ユーザーが気軽に自分のホームページを作成できることはヒットの大きな要因になったが、それもこのHTMLを採用したからだ。「一般サイト」あるいは「ボランタリーサイト」と呼ばれるこのサイトは現在では一万五千にも上っている。

次機種で着信メロディの音源フォーマットを決めるときも、パソコンで広く普及しているMIDIのコンパクト版「コンパクトMIDI」を採用した。

「iモードはコンパクトHTMLに、次はコンパクトMIDIときたから、海外に行くと僕はコンパクトの榎と言われていますよ」

榎はこう言って笑う。

送信方法とコンテンツ記述言語という大枠は整った。

あとは携帯電話の端末の細かいスペックを決めていくわけだが、このとき活躍したのはゲームやポケベルに傾倒していた若手たちだった。

「普通の電話」にこだわった理由は、とにかく端末を安く、軽く、気軽に使ってもらうことが大前提になっているからだ。

最初のネックは液晶画面だった。

「あくまで電話」にこだわった私たちは、液晶画面もそれまでより少し大きいくらいのものをイメージしていた。あまりに液晶画面が大きいと、ユーザーが手にしたとき電話というには違和感を感じさせるからだ。

そうは言いつつも、私はいままでの携帯が表示していた以上の文字数を要求した。

「横八文字、縦六行はほしいですね」

私のこんな依頼に対し、イギブ（移動機技術部）から返ってくる答えは、

「無理です。それを可能にするためにはかなりコストが上がるんです」

「えっ、どういうことですか。なぜ無理なんですか」

技術的な言葉は私には通じない。向こうも私の感覚的な言葉は通じない。救いと言えば、

エンジニアの山本正明の存在だった。守備範囲の広い山本は、サーバー、ネットワーク、端末など多方面に亘《わた》る技術を総合的に把握、判断できる、数少ないエンジニアの一人だった。山本は、私たちの注文を実行するために何が必要かを考え、技術関係者との橋渡しの役を担ってくれた。

私も技術の人にできるだけわかり易く伝えようと「カレンダー理論」なるものを考え出した。

「だって古今東西一週間は七日ですよね。横八文字あれば、その週のスケジュールを一目で見ることができて、あと余裕の一文字あれば、使う人は便利なんじゃないでしょうか。それに縦が六行あれば一ヶ月のカレンダーがそっくり入りますから」

「…………」

当時の携帯電話の液晶画面といえば、時計と電話番号くらいしか表示していなかった。携帯電話の桁《けた》数も十桁の時代、全角五文字で充分だったのだ。行数もせいぜい二行といったところだった。

そこに「八文字×六行」は――あとで知ったことだが――かなり大胆な発想だった、らしい。

まずコストがかかるというのだ。しかし、「六文字×四行」が限界だと言っていたのに、何日か経ち、返ってきた答えはなぜか「不可能」から「検討中」になり、最終的には「可能」になっていた。

「私のカレンダー理論が効いたんでしょうか。私もついに技術者を説得できる論理を身につけたみたいです」

榎にこう報告すると、榎は言った。

「いや、技術開発の連中は、真理さんが言うんなら仕方がないという心境になっているんです。一種の諦《あきら》めですね」

榎の言葉は喜ぶべきことなのか、悲しむべきことなのかよくわからないが、「あれだけ熱心に何かを告げようとしているんだ。何を言っているのかよくわからないけど、とにかく耳を傾けてみよう」としてくれたのは、技術優先でやってきた会社の大きな変化ではないだろうか。技術的な難しさがわからないだけに平気で、「こうしたら」「こうしよう」と発言する私の安易さに辟易《へきえき》する技術陣は大勢いるとは思うけど。

当時の私は知る由もなかったが、技術陣はコスト計算をし、バランスを考え、私の要求を実現してくれたのだ。

「外に出て使うんだから、電池の持ち時間があまり短くてはなんにもならないわよね。百時間は持つものにしてほしい」

「携帯を手にしたとき、ここを押せばインターネットに繋《つな》がるというボタンがほしい。パソコンを使い慣れていない人に使ってもらうんだから、すぐにわかるようにしないと」

私はここにもこだわった。

「画面が小さいので、前のページをすぐに見られる『戻るボタン』があった方が便利だよね」

これは日常的にパソコンを使っている若手からの要望だ。

若手が特にこだわったことはメール機能を充実させることだった。

ポケベルやゲームを日常的に使って育った二十代の彼らは、メールが若い人の大きなコミュニケーション・ツールだということを身をもって感じていた。

「携帯を使う人同士のコミュニケーションが最大のコンテンツ」と彼らは言っていた。

そのためにはメールは重要な要素になる。

内部の意見は大きく二つに分かれた。

相手が送ったメールを全部読める。けれどその分、電話料金のほかに月額料金は千五百円という案が一つ。

もう一つはメールの文字数を少なくする。その代わり料金を安くするという案だ。

前者はマッキンゼーといった、パソコンを日常的に使いこなすハイエンド系ユーザーの意見だ。後者は、もちろん私である。

特に私がこだわったのは、「値段」だった。

ハイエンド系にとって一ヶ月千五百円の使用料は高くない値段なのかもしれない。インターネット接続のためのプロバイダー契約をすれば、それだけで二千円は取られるからだ。しかしそれはフルカラー、大画面あってこその値段だ。こんな小さな画面で、それほどの金額は取れない。

「私のようなユーザーだったら、どのくらいなら払うかを基準にしなきゃ」

「じゃあ、千円でどうですか」

「いや、千円でも高いと思うけど」

「でも、本当に必要な情報なら、千円くらいは払うと思うんだけど」

このときばかりは、ハイエンド系で共通している夏野とマッキンゼーの意見は近い。

「毎月頻繁《ひんぱん》に使う人ならそれでもいいけど、たとえば一ヶ月、二ヶ月使わないユーザーが、二ヶ月経って二千円も払わされたら、私ならすぐに解約するわね」

「じゃあ、五百円程度ですね」

「いや、それでも高過ぎるんじゃない。三百円、かなあ」

「千円を切ったら、五百円も三百円も変わらないじゃないですか」

今度は五百円にするか三百円にするかで、夏野と松永の対決になっていった。

「それは違うと思うわ。五百円という金額は、雑誌で言えば月刊誌の値段でしょ。読みたい特集があってはじめて、読者は購入しようかという気持ちになるものなのよ。三百円という値段は週刊誌の値段よね。習慣性もあるし、特集で特に読みたい記事がなくても、連載記事でも読もうかと気軽に買える金額よ」

情報誌時代、雑誌の値段を百円上げるだけで売上部数がガクッと落ちたことがある。ユーザーにとっては、百円の差は大きい。

「三百円くらいなら、二、三ヶ月使わないことがあっても、千円に満たないでしょ。これなら我慢できる。より多くの人をターゲットにするのなら、三百円より高くしてはいけないと思うんだけど」このとき、私が根拠とする論に「四捨五入理論」というのがあった。四だったら、切り捨てられるが、五だったら十に感じてしまう感覚だ。

「消費税だって三パーセントのときはそんなに高いって感じなかったけど、五パーセントになると急に負担を感じるようになったじゃない。そのせいで景気が悪くなったという説もあるし」

「五百円か三百円か」論争は、三百円で決着がついた。

私は榎に勝ち誇って言う。

「今度は私の四捨五入理論が効きましたね」

「いや、単に根負けしただけです」

「！」

ゲートウェイ部は納得してくれたものの、この案を他部署に納得してもらうには説得するためのマーケット・データが必要だった。ただ携帯電話の留守電機能の値段が三百円ということで、薄利多売、より多くの人に支持されるなら採算は合うが——。

もう一つ、メール機能で若手がこだわったことは「文字数と受信方法」だった。メールを受信する方法には、サーバーにメールを取りに行く方法と端末に直接送る方法がある。

これもやはり前者がインターネット・ユーザー、後者がポケベル・ユーザーの考え方の違いだ。どちらにするかの議論は熾烈《しれつ》を極めた。

「サーバーに取りに行けば、長いものでも読めるけど、メールを自分で取りに行く分、手間がかかるじゃないですか。直接送られる場合は、文字数は少ないけどとにかく来たものをすぐに読める。ポケベルは短い文字数であれだけ楽しめるんだから、今度の携帯も文字数は二百五十文字程度と少なくなったとしても、すぐに読めることを優先させたほうがいいんじゃないですか」

「二百五十文字では少ない」という反対意見も出た。開発当初はメールを溜《た》めるのに二十件が限界と言われていた。もし、五百文字にすれば十件しか溜められなくなる。十件ではあまりに少ない。外出先でメールを読む場合は、文字数より件数の方が重要ではないか。

「それに、長いメールを読みたい人は、サーバーに取りに行く機能を順次付け加えればいいんです。あとで拡張できる機能はそれとして、とにかくポケベルのような直接送付方式を最初に入れた方が若い人には受けると思いますよ」

栗田は主張した。実際、長いメールを読みに行けるリモートメールというサービスは、IPによるサービスとして、開始後実現された。

メール受信の速さは、もう感動的で、一方で「送信中」と出ているとき、もう一方の携帯には「受信中」とすぐに出てくる。「送信中」の文字が消えた途端にすぐにメールの文字が出てくるという速攻技だ。

ユーザーが増えて混雑した時はそこまで速くなくても、この「機関銃」のように次々とメールを打っていく装置は、若い人に圧倒的に支持されることになった。電話をするくらいの用事ではない。でも、いいグッズを見つけたときに、なにかちょっと意見を聞きたいとき、すぐに友達に知らせたい。すぐに返事を出したいという若い人たちのニーズに合ったのだ。

因《ちな》みにこのメール、一日のうちで一番集中するのは午後九時五十五分だという。なぜか。長い間、関係者の間では「謎《なぞ》の、あるいは魔の九時五十五分」とされていたが、この時間帯はテレビのトレンディ・ドラマが終わり、コマーシャルが始まる時間帯だ。その合間に、メールを打つ人が多いのではないかという説が最も有力になっている。

若手はさまざまな工夫を、どんどん付け加えていく。

次のアイデアは「絵文字」だった。

短いメールのなかで、いかに意味を凝縮《ぎょうしゅく》させ気持ちを伝えるか。それが絵文字の発想だ。

かつてポケベル端末のなかでよく売れている機種があった。その理由を考えた結果、その端末だけに「ハートマーク」が付く機能があることがわかった。「ハートマーク」一つで売り上げが違ってくるのだ。

「これを取り入れよう」

ハートマークは言うに及ばず、「むかっ」「失恋」「るんるん」「わーい（嬉《うれ》しい）」「もうやだ」といった、全部で二百ばかりのマークを、若手は次々と考案していった。こればかりは私も手が出ない。これをドットに落とす作業は、建築家の夫が徹夜でやってくれた。最先端のIT業界といえども、やっていることは家内工業と変わらない。

「いいですか。全体を軽くする上に、大きな液晶、電池の持ち時間は長く、その上、ボタンの数もメニューキー、決定キー、iモードボタンと増えるんです。上下選択はこれまでにもあったからいいとしても、どれを選び、どれを捨てるかを早く決めてください」

次々と出てくるゲートウェイ部の要求に、イギブは呆《あき》れた。

「いや、どれも捨てられないんです」

イギブこと移動機技術部は私たちゲートウェイ部の要望をまとめ、それが技術的に可能かどうかを検討した上で、メーカーに依頼する部署だ。

その要望書はできるだけ早くまとめて、提出しなければならない。

メーカーは、私たちの「仕様書」をもとにして、端末機器を発売日に間に合うように作製するわけだが、そのためにはできるだけ早く「仕様書」を提出してほしいわけだ。

技術の進歩は日進月歩だ。昨日までは不可能だったことが、今日は可能に、それも安価にできるということは日常茶飯事である。ゲートウェイ部としては、できるだけいいものを安く作製してほしい。そのためには、このデッドラインは遅ければ遅いほどいい。けれど、作る側にしてみれば、早く着手した方がそれだけ余裕を持って取り組める。早く出してほしい側と、できるだけ遅い方がいいものができるという両者のせめぎ合いは続く——。

「早く決めてください」

イギブからは、一年も前から毎日のように矢の催促だ。

そのデッドラインを「仕様凍結」と言う。

この言葉をはじめて聞いたとき、私はその冷たい響きに文字通り身も心も「凍りつく」思いだった。

「資産凍結」「道路凍結のため通行禁止」とか、そこには一切の妥協《だきょう》を許さない冷たい厳しさがある。人のぬくもりを廃した恐怖を喚起《かんき》させる響きがある。

その言葉は毎日のように催促《さいそく》されるにも拘《かか》わらず、どう処理したらいいのかわからない私の困惑と苛立《いらだ》ちを助長した。

「発売日まで一年もあるのに、なぜ、こんなに早く決めなくてはいけないのよ！」

内部の事情がわかるだけに、山本は私たちコンテンツ系とドコモの技術系との板ばさみになっていった。

「できません」「やって！」と要望書が何度も行き来するうち、イギブのほうからも、「諦《あきら》めていたようだけど、これはできるよ」と教えてくれることもあった。

「画面メモ機能」というもので、サイト画面をそのまま保存できる機能である。これのいいところは、リンクもそのまま保存するため、例えばレストラン情報の画面をとっておいた場合、表示された電話番号にワンタッチで電話がかけられる「Ｐｈｏｎｅ ｔｏ」の機能も使えるのだ。レストラン情報やショップ情報で大活躍している。

「こういうメモ機能があればすごく便利だけど、無理だよね」と勝手に「不可能」と決めていたことをイギブが「できるよ」と逆に教えてくれたのだ。

どんな立派な情報も入れ物があってこそだ。反対にどんな立派な入れ物も中身が充実してこそだ。この二つのバランスがとれてこそ、受け入れられるものができる。

けれどゲートウェイ部の要望は、「限られた空間のなかにいかに優良な情報を数多く詰めこむか」という要求だった。榎はそれを「コンビニ的な発想」と言う。つまり、限られた空間のなかにできるだけ品揃《しなぞろ》えを多くするということだ。

この「軽さ」を理解してくれる人は決して多くはなかった。多機能、高性能といった技術の進歩をこそ誇っていたメーカー側もまた「これで売れるのかな」と疑心暗鬼の状態だったのだ。

「自分の母親でも簡単に操作できる易しいサービスを作りたい」

世界最大のインターネット・サービス・プロバイダー、AOLの社長が言った言葉だ。

「技術は、それを意識しないで使えるようになったとき、技術だと思う人はいなくなる」

リナックスというフリーソフトを考案したリーナスの言葉だ。

易しさは優しさに通じる。

私は、自分でも使えるようなものを作りたかった。

「この会議の席にいる人たちのために作るんじゃないんです。あなたたちの娘や息子が使うものを作るんです」

仕様書を突き返されるたび、私は会議の席でこう言ったという榎の言葉を思い出していた。

何度かの行き来があり、終《つい》に「仕様凍結」の日が来て、「こんな子供を作りたい」いや「作ります」という「仕様書」を出し終わったとき、私は慣れない技術陣との交渉からくる疲れと睡眠不足とで消耗しきっていた。

ｉモードは、決して周りの人間に誕生を待たれていた子供ではない。ドコモが外部との野合で孕《はら》んだ子供だった。その子は榎を通じて社長へと、ようやく細い糸で繋《つな》がっているだけだと、当時は思えた。だから、「こうすればいい子が生まれる」と信じていたのは、ゲートウェイ部というある意味で親ばかともいえる「親」たちだけだったのかもしれない。

端末が間に合わない！

「ソフトの開発に相当時間がかかって、どこのメーカーも苦労していますよ」

「クラブ真理」のソファに深々と座り、イギブ（移動機技術部）の部長はこう切り出した。

「通常なら一万二千項目のチェックのところ、今回は三万六千項目もあり、大変な時間がかかってしまいましてね。ついては十二月の発売には、端末機器の供給が間に合いません。二ヶ月遅れますので、その旨お伝えしようと……」

私は自分の耳が、目が信じられなかった。

ＩＴ業界では、ウィンドウズの発売日延期など、品物が発売日に間に合わないことはよくある。技術の開発が、どう尽力しても予定日に間に合わないのだ。

けれど今回の新規事業の場合、ことは単にドコモ内部の問題だけではない。ＩＰが関っているのだ。都銀をはじめ、バンダイなど話に乗ってくれる企業が現れ、ここから軌道に乗せていくのだと張り切っていたときの通告だ。ゲートウェイ部の士気はようやく高まったばかりだった。

さあ、ここから一気に攻めよう。

そんな矢先の延期だった。

「冗談じゃないですよ」

その決定を聞くと夏野は、怒り狂った。

「僕たちがやっとの思いで開発したのに。これでは信用をなくしてしまうじゃないですか。二ヶ月遅れるということがどういう結果になるか、わかっているんですか！」

「それも、発売まで四ヶ月といういま頃になって、しゃあしゃあと、よくそんなことが言えますね！　ＩＰさんだって、その分コストがかかるんだから、こちらが負担することになるかもしれませんよ」

企業側としてはこの企画に乗ることで、システムを開発し、それを動かす人を雇い入れている。二ヶ月延期するということは、それだけシステムを遊ばせておくことになる。

発売十二月から二ヶ月遅れになるということは、もう一つ大きなデメリットがあった。九九年の一月は、携帯電話の番号が十一桁《けた》に変わるときでもあった。平成十一年の一月一日と一が並ぶ年のはじめ、その年はウサギ年でもあることからウサギの二つの耳を「11」に見たてのお知らせが新聞にいっせいに載った。

桁数が変わるということは、それまでの電話番号が変わるということだ。それをきっかけに新しい機種に買いかえる人は多い。加えて、十二月はボーナス・シーズンでもある。新しい携帯電話を発売するには、絶好の商機だ。

この商機をみすみす逃がすのはなんとも悔しかった。

二ヶ月遅れが今後どんな影響を及ぼすか、それを骨の髄までわかっているのは、ＩＰ獲得に苦労した連中だけだ。技術担当の部長は、事実を淡々と告げるだけだった。

「いままでのドコモは、淡々とただ喋《しゃべ》るだけでよかったんです。相手の反応を確かめながら喋るなんて発想はなくてもよかったんですよ」

かつて言われた言葉がよみがえった。それは社内の人間に対しても同様なのだ。人にこびへつらうこともしない代わり、人に頭を下げることもない。

呆然《ぼうぜん》とした。

「十二月まであと四ヶ月、とにかく頑張らなくちゃ」

発売日を前にして張りつめた緊張の糸が切れた。やる気もいつの間にか針を刺された風船のようにみるみるうちに萎《しぼ》んでいった。真夏の暑さを急に感じ、気の抜けたメンバーは次々と夏季休暇を取っていく。私自身も、休みの予定も立てないまま休みを取ったものの、なんとも中途半端な気持ちだった。

休みが終わったあとも、メンバーになかなかエンジンはかからないままだった。猛スピードで走っていた車を急に止められ、あのときのエネルギーはどこかに拡散してしまったのだ。

もう一度、気持ちを立て直さなくてはならない。

私は、次の目標を「記者会見」に置いた。ずっと地下にもぐったままで「真理さん、この頃何をしているの?」と言う知人たちにわかってもらうためにも、新聞に大きく取り上げられるような記者会見にしよう。
私は再び、エンジンをふかし始めた。

たった七人の記者会見

私は久しぶりに胸弾む思いで鏡に向かっていた。

「iモード」という名前も決まり、やっと世間にお披露目できる日がやってきたのだ。九八年の十一月十九日、その日は「iモードのプレス発表」だった。記者会見には榎と私と広報課長の三人で行くことになった。

この二年間というもの、私はひたすらドコモという会社に潜伏していた。友人と会う時間もなく、読書をする暇もなく、ひたすらこの仕事に没頭してきた。

それが今日ようやく、日陰の身から表舞台へ出ることになったのだ。

その日の私は、きょうこそは晴れの日と、この日のためにコーラルピンクのスーツを新調した。新しいスーツに身を包むときは、メイクをする指先にまで力がこもる。

会見予定日のおよそ一ヶ月前の十月二十二日。ドコモは東証第一部に株式の上場をした。上場の前にプレス発表すると、株価が実力以上につりあがる可能性がある。NTT株で、大幅に上がったあとまっしぐらに低下という経験をしているせいか、そういう事態はなんとしても避けたいと広報は慎重だった。上場されるまではできるだけ市場に刺激を与えたくないという判断だ。

「iモード」の広報資料をばらまくのも、それまではお預けだった。

上場されたドコモ株は三百九十万円という初値を付けた。

いよいよ解禁だ。

私たちは企業側の広報とタイアップして、「ドコモと一緒にこんなすごいサービスが始まりますよ」という広報資料を、主なメディア各社に送付していった。記事を読んだ記者たちは、新しい携帯の世界が始まることを感じ、大挙押し寄せるにちがいない。

「おそらく新聞の朝刊一面に掲載されますから、楽しみにしていてくださいね」

夏野は企業関係者にこう言って、盛り上げていた。ＩＰのｉモード担当者にとって、ｉモードのことが新聞の一面に掲載されれば、社内での評価も上がり、やりやすくなるだろう。ｉモードに共感してくれている人には若手が多いだけに、こちらとしても、なんとかして協力したかった。それに企業としても大きな宣伝になる。ｉモードに参加するＩＰからの申し込みもぐっと増えることだろう。

会場は葵《あおい》クラブという通信業界用の記者クラブだ。

会場に到着した私は、再び自分の眼を疑った。満員の「観客」を期待していたわけでは、もちろん、ない。いや、やはり期待していた。

葵クラブというのは、通信関係専門以外の一般の記者はあまり縁がないため、会場は決して広いとは言えない。

それでもあれだけ広報資料を投げ込んでおいたのだから、嗅覚《きゅうかく》の鋭い記者が何人かは必ず顔を見せる。そして、翌朝の新聞には「iモード誕生」の記事が大きく載る——。

そんな予想は見事に裏切られた。

会場には人の数より空席のほうが目立ち、座っている人たちの間には白々とした空気が流れている。

会場にはたった六人の記者しか来ていなかったのだ。

少し遅れて、一般紙の記者らしい人が、「ここが会場なのかな」と怪訝《けげん》そうな顔を覗《のぞ》かせた。その新聞社は最初に加入してくれたIPのひとつで、「ちょっと行って見て来い」と上司に指図され、顔を出したことが、その表情からも読み取れる。

「では、時間がきましたので、記者会見を始めさせていただきます」

広報課長が口火を切った。がらーんとした会場に、その声は空しく響き渡っていった。

説明のため記者たちの前に立った私の目に、会場の後ろにある灰色のロッカーが目についた。どうしてこんなところにロッカーがあるのか。伝統ある葵クラブの会場が、そのときほど、暗くみすぼらしく見えたことはない。会場では、私のコーラルピンクのスーツとフルメイクした顔だけが浮いていた。

「なぜ、たったの七人なんでしょう」

私は帰りのタクシーのなかで、横に座った榎に怒りをぶつけた。

「なぜ、WAPの質問しか出ないんでしょう」

「まあ、最初はこんなもんですよ」

榎はたった七人という記者会見にも動じる様子はない。

なぜ、こんなにも淡々としていられるのだろう。

質問の形で怒りをぶつけながら、私は、榎にさえ怒りを感じた。いや、いつもは榎のこの「何事にも動じない」様子は安心感こそ与えてくれていた。でも、いまはこの泰然自若とした態度は、沈み行く難破船ですべてを諦《あきら》めた船長の落ち着きに思える。

「また負け戦になるやもしれぬ」。『七人の侍』の勘兵衛の言葉が唐突に頭に浮かんだ。

私は誰からも期待されていないものを生むためにドコモに来たんじゃないんです！

榎にこんな怒りをぶつけたかった。

彼は平気なんだろうか。賛成より反対意見の多かったプロジェクトで、失敗すればすべて彼の責任になるというのに。

記者たちの人数が少なかっただけではない。会場では「iモード」の新しさ、素晴らしさに言及する人は皆無だった。

「WAPとはどう違うんですか」

「ドコモはWAPフォーラムに参加しているのに、なぜ、それを使わないんですか」

「C-HTMLとはどういうものですか」

質問は技術的なことに終始した。当時の通信業界は「世界標準のWAP」という言葉が流布していた。そのWAPを使わないことは、日本エリアだけの使用に限られる、携帯電話は世界に乗り出そうとしているのにドコモはまたPDC（現行のデジタル携帯電話の方式）と同じように独自仕様なのかという次第だ。

それら技術的な質問に榎は、淡々と答えている。記者たちは、理解しているのかしていないのか、反応が見えない。

私は七人の記者に向けて懸命にiモードコンテンツの特性を力説する。けれど力説すればするほど、私の言葉は空回りし、彼らの身体に撥《は》ね返され、とても頭のなかに入っていくとは思えなかった。これまでの疲れが一度に出たような徒労感だけが残った。

「出席した記者は七人よ！」

会社に戻り、コンテンツのメンバーにそう告げると、メンバーは最初「えーっ！」と声を出して、次には一様にうなだれた。

夏野だけは私同様、怒りをあらわにした。

「どうしてなんですか？　これじゃあ各企業のiモード担当者はかえって肩身の狭い思いをすることになるじゃないですか」

夏野は私に食ってかかる。

八月の二ヶ月延期に加え、今度はたった七人の記者会見だ。

夏野が怒るのも無理はない。このままでは本当に「詐欺師」になってしまう。けれど私だって、夏野と同じ思いなのだ。

メンバーは、怒りや失望を押し隠し、ともかくもルーティン・ワークに戻っている。私にもやらなければいけないことはたくさんある。

それにしても。仕事を続けながら、私は何度もため息をついた。これまでの苦労が水の泡になるかもしれない。いままで嬉々《きき》としてやっていた細かい作業が、急につまらない意味のない仕事に思えてきて、私は思わず手を止めた。周りを見まわすと、他のメンバーもこれまでのような意気ごみを失っているように見えた。

それでもまだわずかな期待はあった。どこかひとつのメディアにでも大きく掲載されれば、それを見た人が他のメディアに取り上げてくれるかもしれない。

翌日、いつもより早く目を覚ました私は、昨日取材にきた新聞を急いで広げた。

まず一面を見る。ない。二面を見る。ない。やっと三面に、それもわずか九行の小さなベタ記事として、私たちのiモードに関する記事が掲載されていた。

再び失望が襲《おそ》った。

他のメンバーも私同様、かすかな期待をこめて朝刊を開き、失望し、出社してきたのだろう。一様に顔を、目を合わせることを避けている。

このままじゃだめだ。私のなかで、何かが動いた。

でも、どうしてわかってくれないんだろう。

そのときにはまだ実際の機器がなかったせいかもしれない。百聞は一見にしかず。どんなにその素晴らしさを力説しても、目で見て、手で触って確かめないうちは、実感できない。でも、メンバーがその素晴らしさをこれだけ確信しているのだから、今度はそれをわかってもらうための方法論が必要だ。

そのためにはどうしたらいいのだろう。

もう一回、記者会見をやるのだ。そのときには、必ず、会場を人で溢《あふ》れさせてみせる。

そのためには何が必要だろうか。私は綿密に計画を練った。リベンジの計画を。

ヒロス工作戦

たった七人の記者会見に私はひどく落ち込んだ。

どうしてみんなｉモードの良さをわかってくれないんだろう。この二年間の苦労は水泡に帰したのだろうか。新聞の一面にも載らない、記者たちもその素晴らしさをわかってくれない、こんな否定的な現実にも拘《かか》わらず、私はｉモードに対し絶対の信頼を置いていた。

それを「親ばか」と言われてもいい。誕生に関わり、いい子になるようあらゆる手立てを尽くしているのだから、親が我が子を信じないでどうする？

そう、「わかってくれない」のなら「わかってもらうまでだ」。

そのためにはドコモの方法ではなく、「私のやり方」で広報活動をしようと決心した。

私は「新しい雑誌」を売りこむとき、どうしていたか。これまでの経験を掘り起こしてみた。創刊誌をこれまでにいくつも手がけてきた。その営業や販促も自分でやってきた。それこそ、私の本領ではないか。雑誌と物、売るものこそ違ってもその広報活動に違いはない。この広報や販促ができることこそ、私の強みだ。

発売は来年の二月と決まっている。それなら次のターゲットは新聞、雑誌の正月号だ。お正月号なら、「二一世紀に向けて——新携帯時代の幕開け」というテーマはふさわしい。

「お正月号を狙《ねら》いますから、その締め切りに間に合うよう、広報としても協力してください」

私は広報部に日参した。

しかし、幾つか作った広報資料を読み、それを大きな記事にしてくれるメディアはなく、これも空振りに終わった。

私はもう一度プレス発表をさせてくださいと、榎に申し出た。それも、ホテルを借りて、もっと大がかりにやるのだ。

「二度も記者発表をするのは困ります。それに葵クラブへの仁義もありますから」

「…………」

「……記者発表はだめですが、記者説明会ということなら何とか」

名称などなんでもいい。とにかく「敗者復活戦」に賭《か》けるのだ。

「次回はもっと大勢の、通信関係以外の記者にも声をかけたいので、ホテルの一室を借りてくれませんか」

「ホテルはだめです。ドコモはそんなに派手に会見をやる慣例はないんです」

慣例なんて、この際どうでもいいだろうに。「新しいお酒には新しい皮袋」という言葉もあるではないか。

「葵クラブとの関係もあるから、そうですねえ、原宿クエストホールではどうでしょう」

クエストホールとは電電公社総裁官邸があった場所だ。あそこなら、NTTとの〝絡《から》み〟もあるし、ホテルほど高くもないから、横やりが入ることはなさそうだ。葵クラブという記者クラブに対し仁義を切りながら、私の要望にも応《こた》えようということらしい。

オーケーが出ると、私は早速綿密な計画を練った。

まず、広報資料を手直しすることから始めた。今回のドコモが出した資料ではあまりにおとなしすぎる。これでは、人を引きつけることはできない。

ところが、私の書いた資料はことごとく赤入れされてしまった。

「携帯がインターネットにつながります。安価なサービスの……」

ここが一般企業と、民営化したとはいえ郵政省管轄企業との違いなのだろう。私が「安価なサービスで」と書く。すると広報は「この部分ですが、何をもって安価なサービスというんですか」とくる。

「パケット料金が一パケット一二八バイトで、〇・三円ですから、これは安いと言っていいと思うんですが」

「なにと比べて安価なのかがわかりませんよ」

「二十文字程度のメールなら、約一円から送れるというのではどうですか？」

「約一円は困ります」

「パケットのデータ量課金ですから、かっきり一円と割り切れないのですが」

「二十文字程度、の程度、も気になりますね」

まるで役所に行った気分だった。ひとつの手続きをするのに、これが足りない、あれが足りないと、なかなかスムーズにことが運ばない。

私の広報資料はすっかり骨抜きにされ、またもや先の広報資料とあまり違わない「携帯電話にオンラインサービスが加わりました」程度の味も素っ気もない文章になってしまった。

「………」

新しい作戦を考えなくてはならない。

作戦を立てるにあたり、最初に記者会見で失敗したのはなぜだろうと考えてみた。失敗のいいところは謙虚になれることだ。冷たい水を浴びることで、一旦《いったん》は熱くなりすぎた熱を冷まし、冷静に物事を見ることができる。

商品に自信はあった。だから当然大勢の記者が押しかけてくると思い込んでいた。しかし、どんなに作り手が自信を持っていても、いや逆に自信があればこそ、高飛車に出る部分もあったのではないか。「この商品の良さがわからないなんて」という傲慢《ごうまん》な部分がなかったとはいえない。商品が優れていると確信しているのなら、それを誰にでもわかる方法で提示しなければならない。

次の失敗の原因として、商品に肝心の「顔」がなかったことが大きい。記者たちは、新商品を手に取って見ることも触ることもできなかった。百聞は一見にしかずというが、商品がないのでは顔つきがわからない。もちろんイラスト図は用意したが、資料だけでは人の目を引きつけることはできない。

週刊誌は、その週の広告を新聞に載せる際、たとえば『週刊文春』だと、七～八人の人物の顔を載せるという。CMはその最たるものだ。この俳優が使っているのなら信頼できる。あのタレントが持っているんだから面白いものだろう。商品に人を絡《から》ませることで、商品イメージは具体的になっていくのだ。

私たちのiモードの「顔」は誰だろう。

もちろん広末涼子だ。

「前回のプレス発表では、iモードの〝顔〟が見えなかったんですよね」

私が肩を落として言ったとき、宣伝担当の樺沢正人が言った。

「広末涼子を呼んで、二部構成にしてCMの製作発表会をやりますか」

私と、一緒にやっている課長の原田由佳が毎日のように懇願している姿を、見るに見かねたようだった。

原田は惨敗に終わった記者会見のとき、「仕切りが悪いんだ」と夏野に怒鳴られ、その失敗を自分の責任のように感じ、私と力をあわせて次の記者説明会を成功させたいと頑張ってくれていた。

「二部構成でやりましょう」

樺沢の言葉に二人は大喜びした。ドコモにとってCMの製作発表なんて前代未聞のイベントである。

それまで、広末はドコモのポケベルのキャラクターを三年務めてきた。この半年、ポケベルのCMは流れていない。久しぶりに、それも大学生になって「携帯デビュー」を飾れば、話題になることは間違いない、と樺沢はふんでいた。

広末のCM撮りは、一月から始まっていた。CMは大学生になった広末が初めてモバイルバンキングを使うという設定だ。

広末が友達に「なんかね、これ、銀行とつながっていて……振り込みとかもできるらしい」と言うと、友達が「えっなんで?」とその仕組みを尋ねる。困った広末は「なんでか、私もよくわかんないけど」と応える。

この「なんでかわかんないけど」という言葉は彼女のアドリブだった。第一回目のリハーサルでそれを聞いたディレクターが「いいね。それでいこう」と本番に取り入れたものだ。

なぜ振り込みができるのか、なぜインターネットができるのか、その仕組みはわからない。「でも、使えるね、面白いね」ということがわかってもらえればいいのだから。この言葉は一般ユーザーの気持ちを表す象徴的な言葉になった。

もう一編、大学のキャンパス編を作った。広末が学食にいると、「ねえ、次の国文概論は休講だよ。メール打ったよ」と友達。「えーっ、入ってないって」と広末。「知らないもーん」とiモードを押し「入ってるかも……」というもの。これは広末があまり大学に行かないため、あまり流せなかったけど——。

このCM撮りの際には、コンテンツが実際に動いているわけではないので、デモを入れておいて、広末には使い心地を実感してもらうようにしてあった。それでも、一回押して出てくる場合の画面表示はこれでいいのか、バンキングのところを出すのは何度押せばいいのかなど、現場で細かくチェックする必要があった。コマーシャルと実際とが違うということになると、大変なことになってしまうからだ。私は、操作をすべて理解している栗田を撮影現場に連れていった。栗田は、広末に操作の指導ができて嬉《うれ》しそうだ。パンフレットの入稿で深夜残業が続いていた栗田に、ようやく笑顔が戻った。

「記者説明会」用にCMのメイキング編も編集した。これは記者たちへのサービスだ。

CMの方は樺沢がすべて仕切ってくれ、私は当日に会場で流す「iモード説明ビデオ」の製作に追われていた。

たった五分のビデオながら、まだ世の中にないものを伝える映像をとるというのは、随所に力業《ちからわざ》を必要とした。モバイルバンキングの場合は、こういう風にすると残高がわかりますと、モデルが実際に使って見せるものだ。

乗り換え案内には、たとえば恵比寿から横浜に行く場合は、それを検索し、そのシーンを表示していく。

株価検索の場合「これはリアルタイムの株価がわかります」とナレーションを挿入する。その際、本当にこれはリアルタイムと言っていいのか、夏野の携帯に何回もかけては確かめていく。IP関係では実際に表示される企業のホームページと合致しているか、「駅前探険倶楽部」の探険の険の字は、阝偏《こざとへん》なのか木偏なのかと、固有名詞や文字構成や言葉遣いにミスはないかと、細かくチェックしていく。

チェックは連日夜中まで続いたけれど、これは私の得意とする編集の分野だった。身体は疲れるけど、心や頭といった部分は喜び勇んでやっていることを感じる。ゴールが見えているときには、たとえ苦労がつきまとおうとも、五里霧中、手探りで進んでいるときとは、消耗度がまったく違うのだ。

このビデオの最後のところにIPのロゴが流れるシーンがある。夏野と私は、この最後のところを見るたびにジーンとくる。この一年、夏野がひたすらお願いして回った一社一社である。

もう何年も前のことになるが、映画の舞台挨拶《あいさつ》のことを思い出した。

それは、薬師丸ひろ子のデビュー作『野性の証明』のとき、彼女は十四歳とは思えないスピーチをした。

「今回、高倉健さんと共演できたのは、夢のようでした。それに、いろんなスタッフの方と一緒に映画を創《つく》れたのが、幸せでした。それで、ひとつお願いがあります。どうぞ、スタッフの方の名前が全部出るまで、席を立たないで下さい」

私たちは、まさにその心境だった。最後にロールするロゴのひとつひとつに、様々な思いが詰まっていた。

結局、このビデオはたった一回の説明会にとどまらず、全国のドコモ・ショップで販促用ビデオとして流されることになった。

「記者説明会」は一月二十五日と決まった。

早速記者呼びこみのための資料を作成した。

この半年というもの露出していなかっただけに、広末ファンの飢餓感は最高に達していたのだろう、メディアの反応はすごかった。

最初の予定では百五十人分の記者席を用意していた。それでも最初の失敗を思えば、そんなに来てくれるだろうかと心もとない。けれど、次から次へと出席の知らせが届き、出席者は百五十人分を超えても止まる気配はなかった。

二百人近くになると、会場に置くつもりの机を取り除いた。三百人を超えると荷物を預かるクロークを廃止し、五百人を超えることがわかったとき、ドリンクサービスもやめることにした。

予定の時刻が近くなると、テレビ各社をはじめ、新聞、雑誌などの記者がどんどん集まり始める。結局NHK以外のテレビ局は全局出席となった。

「説明会」は二部構成で始まった。一部は大星会長の挨拶。次が榎のプレゼンテーションだ。舞台には各メーカーの評価機を並べたものに白いヴェールがかけてある。榎が舞台に出ると会場は暗くなり、機種を置いた場所だけにスポットが当たる。

トゥルルルル……という音が鳴りやんだときに、榎がさっとそのヴェールを取って、横に放る。リハーサルのときに演出家から出された、「もっと派手にやってください、ここは世紀の一瞬ですから」という注文に、榎は見事に応えた。会場は固唾《かたず》をのんだ。

「この演出はちょっと大仰《おおぎょう》すぎましたね」

榎の言葉に会場はわっと沸いた。榎の、観衆の呼吸を計るタイミングのうまさ。さすが落語家志望、演劇部出身というだけはある。

榎の言葉によって、記者たちはリラックスしたのか、会場の空気が和《やわ》らいだような気がする。広末を撮るため、少しでも前に陣取ろうとするカメラマンたちの殺気立った雰囲気も、幾分穏やかになってきた。これだけの人数が会場を埋めていると、一人一人では些細《ささい》な熱気でも、熱気が熱気を呼び、会場はわずかな刺激にさえ大きく反応するのだ。その五百人の記者たちの熱気がこちらにも伝わってくる。この高揚がテレビの画面や雑誌の記事にも必ず伝わるはずだ。私は成功を確信した。

そして、次は五分のビデオ上映とともに、私の出番だ。iモードのコンテンツを披露する。私は緊張していた。この会の責任が私の肩にのしかかっていたのだ。

二部に入る前の休憩ではiモードに触ってもらおうという仕掛けだ。こちらとしては、ここが本命だ。この休憩の合間に記者たちにiモードの新しさ、素晴らしさを知ってもらわなくてはならない。記者たちは「へえ」とか「こんなことができるのか」と面白がって触ったり、質問したりしている。

二部は記者たちにはお待ちかねの、広末のCM製作発表だ。

舞台にはソファを置き、二部の幕開けは広末と宣伝の樺沢と私の三人の鼎談《ていだん》という趣向だった。第一部の挨拶のときには、スーツを着用していた私は、ソファに座っての鼎談ということでパンタロンに着替えた。

まずは、樺沢と私が舞台中央に立ち、広末の登場を待つ。

「それでは皆さん、お待たせしました」

アナウンサーの声に、会場はどよめく。

広末が舞台袖《そで》から現れた瞬間、恐ろしいほどのフラッシュが一斉にたかれた。舞台中央に立ったときは、もう光の海だ。そのとき私は、一生分のフラッシュを、一瞬で浴びたと思う。

私の目の前は真っ白になった。頭のなかが真っ白になった経験はあるけど、目の前が真っ白になるのは、初めてだ。もちろん、カメラマンはすべて広末目当てでフラッシュを焚《た》いているのだけど、気分が高揚するのは確かだ。

最前列にいたカメラマンが私を指して「あっ、衣装を変えてきたぞ」と小さな声で言った。

一部のときとは違って、緊張がとれてきた。二部はもう、樺沢に預ければいいと思うと、気が楽になってきて、カメラマンの囁《ささや》きまでしっかりと聞きとれた。

おまけとはいえ、私に目を留めてくれる人も多少はいるわけだ。今回は新調したスーツも無駄な投資にならなかった。

このときの記者説明会の模様は、翌日のテレビのワイドショーをはじめ、週刊誌などで大々的に取り上げられた。

広末が黒のロングスカートを着て舞台に出てくるシーンや、黄色のロゴの前でiモードを持って立ち、にっこりと笑っているところは、その後、広末が大学入学や映画『鉄道員〈ぽっぽや〉』などで話題になるたびに何度も放映された。榎が白いヴェールを取るシーンも放送されたが、顔から上は残念ながらカットされていた。

私？「真理さんも女優さんみたいでしたよ」と誰かがお世辞を言ってくれたけど、女優は女優でも、私の場合は『サンセット大通り』の往年の女優のラストシーンといったところだろう。

「全部で一億円を超えるコマーシャル効果はありましたね」

電通は早速、広末が出ているテレビや新聞、雑誌などの広告費用の概算を出し、私にこう囁いた。

今回のイベントの成功は、広報部が惜しみない協力をしてくれたお陰だった。

会場の後方で進行を仕切っていた原田の目には、うっすらと光るものがあったという。

大きな峠は越した。あとは二月発売というゴールに向かって全力疾走するだけである。けれど、そこに到達するまでの道のりは異常な険しさだった。障害に次ぐ障害が待ちうけていた。ゴールはすぐそこに見えているのだが、いや、見えているだけに、そこになかなか到達できないことは、想像以上に苦しいことだった。そのゴールは、私にとっては砂漠でやっとオアシスを目の前にしながら、いざ触れようとすると瞬《また》く間に消えてしまう蜃気《しんき》楼《ろう》も同然だった。

発売までのカウントダウン

原稿チェックをしながら、私は経営幹部たちが行っている「導入判定会議」の結果を待っていた。二度目の発表会は大成功に終わり、発売を一週間後に控えた二月の十五日、これでいけるかどうかの最終判断が下される。

幹部たちは朝から会議室にこもり、各部署の責任者からの報告をもとに、ひとつひとつ確認していく。

最終評価機にもバグ（不具合）が発見されていた。バグとはプログラムがうまく機能しないことだ。内蔵されたソフトが複雑であればそれだけバグは出やすくなる。

それまでの機種はソフトの数が一万から二万程度だったが、iモードの場合、チェック項目が三万六千項目ある。それが何かの拍子に、うまく機能しなくなるのだ。原因としては端末のソフトだけではなく、ネットワーク、サーバーの問題などさまざまなものがある。バグの原因を突き止め処理していくデバッグという作業が、この一ヵ月徹夜で続いていた。

評価機に次々とバグが出て、ネットワークも具合の悪い個所が見つかった。このまま無理をして発売すると、回収という最悪の事態にもなりかねない。それを避けるため、iモード関係者はこぞって臨戦態勢に入った。

壁にかかった時計はお昼をとっくに過ぎている。

そろそろお腹の空く時間だが、私にしては珍しく食欲がない。先週一週間も、ｉモード関係者で日付が変わらないうちに自宅に帰ったものはほとんどいない。

食事さえろくに取っていない。なにしろ外に食べにいく時間さえないのだ。昼食はきょうも「ラ王」になるのだろう。食事を取れないメンバーのために榎はダンボール二箱ものラ王を仕入れてきた。若手はインスタント・ラーメンのなかでは「高級感」のあるこのラ王に大喜びで、みるみるうちに山は崩されていった。どんなに忙しいときでも食事だけはちゃんと食べていた私にとって、このラ王だけで昼食、夕食と食いつなぐのもはじめての経験だった。もう幾つくらい口にしただろうか。誰かの机の上には食べかけたものの急に呼び出され、伸びきってしまったラ王が置かれたままになり、ごみ箱には空き箱が山と積まれている。インスタント・ラーメン特有の味と匂《にお》いに目覚めた私は、この先この匂いを嗅《か》ぐたびに、このときのパニック状態を思い出すことになるだろう。

ふと顔をあげてゲートウェイ部の部屋を見渡した。

引越してきた当時はガランとしていたこの部屋が、いまは大勢の人の熱気でむんむんしている。この一年半の間に、この部屋の住人はおよそ七倍に膨《ふく》れ上がった。自転車に乗ってふざけていた笹川の姿が遠い昔の出来事のように頭をよぎった。あの当時の呑気《のんき》さはいまはどこを探してもない。

本来は二月八日に開くはずの「導入判定会議」が、一週間後の今日に延期されていた。万全を期すためである。しかし、もうあとはない。今日ですべての決着がつかないと、新聞の全面広告からTVスポットから、押さえてある広告の全部がさしかえになる。回収という最悪の状態は私も避けたい。でも、当初十二月発売の予定だったものが二ヶ月遅れになり、また遅れるということはもはや許されないところまできている。

端末の重要なバグの第一発見者は榎だった。

それを技術陣にどんなに熱心に説明しても、

「榎さん、見間違いじゃないんですか」

「どこか違うところを押したからですよ」

と誰も信用しなかった。

バグを見つけるにも才能がいるらしい。ここを押すとあそこに出て、ここからこっちにちゃんと飛べるか。ここからまた戻って違う場所に出て、電話機能を押した場合、電話はちゃんとかかるんだろうか等など、確認することは山のようにある。ソフトの繊細な動きを見て、間違いを指摘するには熟練した目が必要なのだ。

みんなの会話を黙って聞いていた山本が、自分の持っている評価機を操作し、バグを発見した。

「榎さんの言う通りだ。バグが出た！」

すわ、大変だとばかりにみんなは急に慌て出す。

技術に関しては、部長の榎よりも主査の山本への信頼が高いのだ。実戦の場では「権威」よりも「技術力」がものを言う。山本は『七人の侍』では〝剣の達人〟の久蔵といったところだ。

バグの原因にもいろいろある。端末、サーバー、ネットワーク――。デバッグするためにはまずどこが原因かを、あらゆる方面から徹底的に検討し探し出すのだ。

その後も榎は次々とバグを発見する。これにはエリアの問題もあった。

榎は東京の北の方に住んでいるが、この辺りは携帯で使う基地局と基地局の境界になっていて、電波が通りにくいのだ。技術陣のうちの二人は休みを返上して榎の自宅に行き、そこで評価機を押しつづけ、バグを探した。おりしも榎の二人の子供、上の娘は大学、下の息子は高校と、ちょうど受験の真っ最中だったが、父親の一大事とあっては背に腹は代えられぬと覚悟したのか、家族全員が気持ちよく迎えてくれたそうだ。みどり夫人はおいしい家庭料理でエンジニアたちをもてなしてくれた。このところずっとインスタント食品ばかりで明け暮れていただけに、手料理のありがたさが身にしみる。

「みなさんでどうぞ」

夫人は神谷町軍団にはタッパーに入れたおでんまでお土産に持たせてくれた。

それにしても子供たち二人の目には、大の大人が携帯電話を一日中押し捲《まく》っている姿は、事が必死なだけにどことなくユーモラスに見えたのではないだろうか。

「このままではiモードのサービスはできなくなりますよ」

徳広清志がイギブの人からこう警告されたのは十二月の上旬だった。

カーナビ担当の徳広は榎より六歳年下。大阪大学基礎工学部出身のエリートである。

「端末の問題だけじゃなく、ネットワークも含めて総合的にマネジメントする必要がありますね」

事の重大さを察知した徳広が「iモード作戦本部室」を奥の会議室に設けたのは暮れも押し詰まった頃だった。

電話会議装置を設置し、朝の九時半から地域ドコモおよび中央内の十六支店との連絡を取り合い、一日かけて原因を突き止め、デバッグしていく。

「はい、横須賀さん、どうぞ」

最初はキャスターのようだった徳広の声音は、日を追うにつれ次第に厳しいものになっていく。

「お前ら何やっとんじゃい。それくらいのバグの原因がまだわからんのか。はよ、探さんか！」

「このドあほ！　どういう事態かわかっちょるんか。そんな悠長なことで、発売に間に合うと思うとるんか！」

徳広の怒鳴り声は発売日直前までずっと続いていくが、その声はだんだん大きくなり、言葉はより激しくなっていく。

高知県出身の徳広は、私には丁寧な標準語で応対してくれる紳士だ。その彼がこの一ヶ月間というもの、人が変わったように大阪弁で怒鳴っている。現場にとにかく緊張感をもたせるため、彼は学生時代に覚えたらしい大阪弁を駆使してメンバーを罵倒《ばとう》、いや鼓舞激励《こぶげきれい》しているのだ。

とにかくバグをなくさないことには発売はできない。発売日はすでに決まっていると、危機的な状況なのだ。

「発売日が決まっているのに、どんどんバグが出て、これじゃあ調子が悪いのにマグワイアがホームランの予告をするようなもんだろう。打てなかったら、どうするんだ！」

徳広もなかなかうまいことを言うが、感心している場合ではない。

ドコモが新製品発売の予告をしたことさえ前代未聞のことなのだ。ＩＰ関係者への責任もあって、ともかく予告をしたものの、この状態では再び延期という事態も起こる。それを食いとめようと徳広は必死なのだ。

組織はクリエーターや技術者といった専門職だけでは、もちろん成り立たない。物事をスムーズに運ぶためには、社内調整や根回しも必要だ。

榎はその役目を徳広に頼んだ。

それを知ったとき、私は再び『七人の侍』を思い出した。勘兵衛はある程度野武士を撃退すると、作戦を百八十度変えた。それまで閉じていた砦《とりで》を開けたのだ。その砦に野武士を誘い込み、今度は一人ずつやっつけていった。一度に大勢だと戦いに慣れていない農民は殺《や》られてしまう可能性は高い。けれど一人ずつなら「多勢に無勢」、どんなに強い野武士でも負ける可能性が高くなる。

ただし榎が引き入れたのは、敵ではなく味方だった。

榎は一人の、しかし強力な味方をゲートウェイ部に引き入れることでゲートウェイ部という混成部隊と他部署との間の往来をスムーズにしてくれたのだ。

「僕のためではなく、ここにいる三人のために協力してくれないか」

榎はこう言って徳広に頼んだという。

「ここにいる三人」とは私と夏野と川端、つまり外部から来た三人だ。外部から来たゆえに内部に知りあいはいない。だからこそ、君の人脈で、力で、彼ら三人の後押しをしてくれと、榎は言ったのだ。

榎はこう口にしただけだったけど、その胸中は徳広に頭を下げていたのではないだろうか。徳広も、榎のそんな胸中を察したからこそ、ろくに家にも帰らず、徹夜続きで、技術陣を罵倒《ばとう》してまで、「予告ホームラン」を打とうと頑張ってくれているのだ。基本料金の三百円を社内折衝して通したのも、徳広だった。

年末年始の休み直前、各メーカーから評価機がどんどん到着する。しかしどれもこれもバグだらけだ。

「これはいかん」

使っているうちにたびたびリセットがかかり動かなくなる。関係者は正月休みの間も、自宅で評価機を使いつづけ、ひとつでも多くのバグ発見に努めることになった。

休みが明けると早速デバッグの作業が続く。

同じ条件で同じバグが出るとは限らないところがＩＴ関係の複雑、かつ微妙なところだ。原因があるからバグという結果になるのだが、結果から原因を推理する頭脳と訓練、勘が必要なのだ。

評価機を試すデッドラインは迫っている。この日を越えると、発売日までに量産できず端末を売り出せないことになる。

メンバーのうち手伝える人すべてを動員した二十人余りが、右手に二台、左手に二台の試作機を持ち、「せーの」で動かしはじめる。すごい人は両手に三台ずつの試作機を持って一度に動かしている。さすがプロだ。

「真理さん、大丈夫ですか」

誰かが心配して声をかけてくれる。「せーの」の合図にも拘《かか》わらず、私だけがもたもたと端末をなかなか動かせないのだ。

「僕のに出ました！」

「よし、すぐに原因を突きとめろ」

バグの原因を解析するためには、端末をパソコンに繋《つな》ぎデータを取らなくてはならない。

「じゃあ、もう一回」

何度も何度も、とにかくバグを出すためだけに端末を動かす作業が続く。

「あっ、真理さん、やっと同時に押せるようになったじゃないですか」

「本当だ」

「やればできるもんですね」

新人の女性に誉《ほ》められて喜んでいる部長というのも、おかしな光景ではある。

この「せーの」とともに、この一ヶ月評価機は何度も試練にさらされてきた。

評価機はできたものの、メーカーは何十万台という機種を、発売日までに用意しなければならない。一台が何万円もする、それも微妙な技術が幾つも集まってできているデリケートな機器は、一台一台を厳密にチェックする必要がある。

私は千尋の谷に突き落とされる我が子を見守る思いだった。願いはただ一つ。どうか無事に戻ってきますように。

もう一つの試練は新幹線試験だ。これは新幹線という高速移動体のなかでちゃんと使えるかどうかを試すもので、これでオーケーが出れば、他の高速道路でも大丈夫という限界試験だ。

これにはＩＰ関係者も同乗してもらった。自分の企業のページがフリーズしたり、間違ったりしたら、それこそ信用問題にかかわる。何台もの評価機を持って新幹線に乗り込み、とにかく使いまくるのだ。

「繋がりますか」

「はい、大丈夫です」

「バグは出ていますか」

「いまのところ出ていません」

「とにかくいろんな場所で使ってください」

「わかりました」

「トンネルに入ったらまたかけてみます」

当時、新幹線に乗った人でこんな奇妙なやり取りを見聞きした人がいれば、それはｉモード関係の人たちだ。

「出ました！」

「パソコンに繋いでありますか」

「あります！」

「よかった！」

東京と大阪を何度も行ったり来たり、緊張と新幹線のなかで細かい文字を見過ぎたせいもあり、同乗したIPのなかには帰路につく頃吐き気を催した人もいたという。新幹線と同時に山手線のなかでも同様の試験が繰り返される。評価機を押しながら、何十回と山手線を回っているエンジニアたち。想像するだけで目が回るようだ。

バンダイの関係者には、結婚を間近に控えた人もいたが、バグ取りのためその準備もままならなかったという。さすがに結婚式には出たが、二次会も出ず、式を終えるとすぐに現場に戻ってくるという慌《あわただ》しさだ。

評価機にオーケーを出すデッドラインの十四日の深夜一時過ぎ、技術陣およそ二十名は最後の詰めを行っていた。

「出た！」

徳広が叫んだ。ところが、彼の右手にある端末はパソコンに繋がっていなかった。

「だめだ、もう一回」

「出ません」

みんな必死だ。とにかくパソコンに繋いである端末にバグを出さなくては。

もう一回、もう一回と祈るような気持ちで、彼らは評価機のボタンを押しつづける。

「出た！　出ました、バグが出ました」

　しかもそれはちゃんとパソコンに繋がっている！

「これで行ける」

　徳広が安堵《あんど》のため息を漏らした瞬間、そこにいた二十数名の技術者たちからは、思わず割れんばかりの拍手が起こった。

「よかった、よかった。これで発売延期と回収という最悪の事態は避けられますね」

　みんな手を取り合わんばかりの歓《よろこ》びようだった。バグが出て「やったあ」と拍手が起きるというのも、考えてみれば不思議な現象だった。

「やりましたね、川端さん」

　徳広がいつものように一升瓶を抱えて帰ってきた。二人はこのところ毎日のデバッグが終わると「クラブ真理」のソファに移動し、「お疲れさん、まあ、いっぱいやりましょうや」と酒盛りをやるようになっていた。

　発売日まで、この習慣は続き、その横では酒の飲めない榎が「きょうもここに泊まりますよ」と身体を横たえていた。

　そんな技術部隊の獅子《しし》奮迅《ふんじん》ぶりが続いたこの期間、私たちコンテンツ関係者も、資料の上のバグ取り、つまり校正に余念がなかった。整然としていた部屋は、いまやごみ箱をひっくり返したような様相を呈している。

そろそろ判定会議の結果が出る頃だ。

徳広が近づいてくる。その表情から結果を推し量ろうとするけど、やはりよくわからない。

「オーケーが出ましたよ」

徳広が穏やかな紳士に戻って、報告してくれた。その瞬間、騒がしかった部屋の物音がすべて止んだような気がした。いや、実際に止まっていたのだろう。ゲートウェイ部のメンバーが息をつめて、私と徳広を見ていた。

「予定通り行くそうです」

徳広が繰り返した。

「やった!」

誰かが歓声を上げた。その一声を契機に歓びがざわざわと全身に広がり、みんなも同じ気持ちだったのだろう、それは見る見る間に部屋中に伝わっていった。

「よかったね」

徳広が私の目を見て言った。

私は小さく頷《うなず》いた。

「祝い酒でも飲むか」

徳広は川端と連れ立って「クラブ真理」に向かう。

ねずみ色もいいもんだな。

私はふと思った。常にチャコールグレーの背広を着用していることの多い日本のサラリーマンは、その色を「どぶねずみ色」などと揶揄《やゆ》されることが多い。でもいま、そのねずみ色は輝いて見えた。

「グレーの背広もいいもんだよね」

私は呟《つぶや》いた。

「えっ、この間着ていた僕の背広のことですか」

そばにいた笹川が応《こた》えた。

「うん、笹川君の背広も高級そうでいいけど、他のグレーもいいなと思って」

徳広と川端の背中が見える。四十代、働き盛りのサラリーマンの背中だ。頑張っている日本のお父さんたちの背中だ。

私はもう一度、部屋を見渡した。左にモバイル、右にパソコンとまったくなじみのなかったこれらの機器。無味乾燥な、無彩色の部屋に無彩色の背広。そのグレーが、私の目のなかで徐々に滲《にじ》み、いつしかきれいなグラデーションを作っていった。

いよいよ明日は発売だという前日の日曜日、今度はコンテンツ開発チームが最終的な詰めに入る。メンバーは休みを返上して出社した。ＩＰのサイトに間違いがないかをチェックする大切な仕事が残っているのだ。

「IP名は漏れていないか」「マイメニュー登録ができるか」「各IPのメニューリスト名は正しいか」

これらを夏野が作成したチェック・シートに従って確認していく。

「はい、この順番で行くよ」と夏野はてきぱきと指示を出す。こういうとき、携帯電話の操作に慣れていない私は、みんなとテンポが合わず、つい遅れてしまう。

「大丈夫ですか、真理さん。iモードのホームページのチェックをお願いしてもいいですか」

ここは夏野の言うとおり、もたついていてはもう間に合わない。

昨日の土曜日、徳広は再び大車輪の活躍だった。

端末のデバッグが終了したと思ったら、今度はネットワークのほうでバグが見つかったのだ。それも発売を目の前にして。

iモードは「DoPa（ドゥーパ）」と同じパケット通信を使って送信するが、iモードとドゥーパには大きな違いがあった。iモードは電話がかかってきた場合はインターネットより音声を優先するが、ドゥーパはそういう仕組みになっていなかったのだ。当然使うソフトも違ってくる。

「大変だ。このままでは混乱する」

ネットワークのバグが判明すると即、技術陣は再び集合、徳広の陣頭指揮のもとに、全国の交換機のソフト入れ替えを行ったのだ。すべての作業が終了したのは、発売を翌日に控えた二十一日の未明、まさに危機一髪、滑り込みセーフだった。

夕方の五時頃、榎が差し入れのドーナツを持って顔を出した。

ネットワークのソフト交換を終えたという報告を早朝に受けた榎は、あとはコンテンツだけだと、メンバーの様子を見に来てくれたのだ。

コンテンツ開発チームの最終チェックは、休む間もなく続いている。もはや、時間との戦いだ。

予定していた二社のサイトがうまく動かないのを、リーダーの白石岳詩が発見。夏野は急遽《きゅうきょ》、サービスのスタートメニューを六十九社から六十七社へと切り替える判断を下す。

「十秒前です」

笹川が時計を見ながら叫ぶ。

「八、七、六……」

開発チーム全員の声が揃《そろ》う。

「三、二、一、〇。やったあ!!」

二月二十二日零時、iモードは歓声とともにスタートした。

マタニティ・ブルー

桜はまだ三分咲きながら、花びらの向こうに空の青と光とを透《す》かしている。風のせいだろう、時々散る花びらは、表に裏に真昼の光を反射させて、遠くに舞っていく。真昼の明るい光のなかで見る桜の花は、なんと美しいのだろう。

私はこの二十年間で初めて昼間に咲く桜の花を見た。仕事に没頭してきたこの年月、私の花見はいつも夜桜だった。仕事を終えたあと、編集者仲間と行く花見は、どうしても夜になってしまう。

電灯の光のなかで見る桜は、それはそれで妖《あや》しく美しい。でも私は、長い年月を生きてきて、日本を代表する花の、たったひとつの表情しか目にしたことがないのに気づいた。

仕事に終始した年月、それはやりがいもあり楽しくもあった。それは否定しない。否定はしないけど、いま目の前に展開されている桜の表情の豊かさは、なぜか私の仕事という一色に塗りつぶされている年月を浮き彫りにした。

マタニティ・ブルーという言葉がある。妊娠期間を経て子供を産んだあと、虚脱感に襲われるというものだ。いまの私の精神状態は、それに似ていた。

iモードが発売されて一ヶ月が経っていた。

端末機器の供給量が絶対的に足りないせいもあり、契約数はわずか二万人。日経サイトは「iモード発売一ヶ月、低調なスタート」と報道していた。たった七人の記者会見から、会場を満員で溢《あふ》れさせた記者発表。そして、全員が一丸となって乗りきった「カウントダウン」の興奮。この三ヶ月の間に、私の体重は三キロ近く減っていた。

「契約数二万」は、私の体重低下に値しない。でも、それが現実なら仕方がない。私は深い虚脱感に襲われていた。

「真理さん、まだいたんですか？　行きましょうよ」

課長の原田が声をかけてきた。

「えっ？」

「きょうは、花見の会じゃないですか。出ないんですか？」

「うん、そうらしいわね。でも私は呼ばれなかったのよ……」

「へえ、そうなんだ」

私はふらりと部屋を出て、近くの公園の桜の花を眺めた。桜並木は至るところにある。花はどこででも、その美しさを愛《め》でられる。

でも、たった一人で見る桜は、それが鮮やかであればあるほど、空しさを感じさせる。

私は再びなんとも言えない寂しさを感じた。

子供がお菓子をねだるように、私はねぎらいの言葉を渇望していた。

この何ヶ月もの頑張りを、誰かにたった一言でいいから「よくやった」と言ってもらいたかった。劣等生の子供が、一生懸命に勉強してやっと取った点数。優等生と比べれば鼻もひっかけられない数字でも、いや、そういう数字であればあるほど、近くにいる誰かの「でもよくやったよね」という言葉を、気持ちの上でねだっていた。

「二年かあ！」

入社したのが遠い昔のように思えるが、わずか一年九ヶ月しか経っていないのだ。

私がドコモに入った二年前、入社に当たっての条件が二つあった。ひとつは三年契約、もうひとつは定年までというものだ。

悩んだ末、私は三年契約を選んだ。

最初にも書いたことだが、私はドコモに入社するというより、榎という人間を、自分のメンター（指導者）として選んでいた。彼が推進する新規事業に魅力を感じたのであって、雇用の保証を求めたのではない。

新しいことをやりたい気持ちの方が強かった。

新規事業が一応の幕を閉じたあとも社員で居続けたら、「真理さんはメディアに強いので広報に行ってください」「人材に強いので、人事部に行ってください」ということにならないとも限らない。日本の大企業は、「就職」というより「就社」の傾向が強いからだ。だから新規事業が立ち上がったところで、私の役目は一応は終わったと言える。でも私にも生活がある。役目が終わったからといって『七人の侍』のように、「では達者でな」とすぐに職場を去るわけにはいかない。三年契約とはいっても、契約更新もあり得ることだとは思っていた。

契約更新しないで辞めたら、「やはりドコモという会社とはうまくいかなかったんだな」と世間のお喋《しゃべ》り雀たちが騒がないとも限らない。

そんな世間の目も、いまとなってはどうでもいい。

入社してから今までは契約更新もあり得る選択だとは思っていたが、それはもうなしにしよう。私はもうやれるだけのことはやった。

ところがこの虚脱感は、四月から五月の携帯電話の熾烈《しれつ》な競争によって、一瞬にして吹き飛ばされてしまった。

それまでドコモでコマーシャルをやっていた織田裕二がライバル社のIDOに乗り換えたのだ。

私は信じられない思いで、彼の新しいCMを見た。この一月までともに戦ってきたつもりの仲間が、契約が切れると同時にライバル社と契約し、二月の末には明らかにドコモの携帯電話との比較広告を打ち出してきた。

フィルムは、サラリーマンの織田が「ドコモのらしい」携帯を持って「つながらないなあ」とぼやくところからはじまる。そこにIDOの携帯電話を売っているプラザが目に入る。中に入り「ｃｄｍａＯｎｅって、ぼくのとどう違うんですか」とみえみえの演技のあと「買っちゃいました」とご満悦の表情になるというストーリーだ。

　ＩＤＯとしては、ドコモの一番の弱点である音質を訴求してくる。

　攻勢はＴＶスポットに留《とど》まらず、次はタクシーのなかから無料で電話がかけられるサービスを大々的にスタートさせるという作戦できた。

　栗田が乗ったタクシーに、その端末が置いてあった。タダだと言われれば、つい使いたくなるのが人情というもの。ただし、かける相手は固定電話に限られている。その音質は固定電話かｃｄｍａＯｎｅ同士でないと効果はないということらしい。

「いまタクシーから携帯を使ってかけているんですけど」

「フーン、よく聞こえるじゃない」と私。

「そうですよね、これほら、織田裕二が宣伝しているやつなんだけど――」

「…………」

「……やっぱり音、いいですよね」

「！」

　販売店への派遣店員の人数も凄《すさ》まじかった。電気街の秋葉原の店頭はｉモードの黄色ではなく、ＩＤＯの緑に占領される。

Ｊ-フォンも黙ってはいない。

ドコモがハーフレートという帯域の効率利用を可能にした方式を使っているのに対し、無線の帯域に余裕のあるＪ-フォンはフルレートで高音質、「つながる携帯電話」をアピールして契約数を伸ばした。その後、ドコモは混雑時にはハーフレートに切り替えるが、そうでない時はフルレートで使えるハイパートークの導入によって音質の向上に成功するが、その間Ｊ-フォンは加入者間で文字メッセージが交換できるスカイウォーカーで若年層の圧倒的な支持を得る。長く契約すると安くなる割引サービスも他社より先行し、機能面、サービス面の両面でドコモは後塵《こうじん》を拝することになる。

携帯電話のヘビーユーザーである若者たちは、ドコモからＪ-フォンへと変更するケースが相次ぐのだ。

四月の加入台数が出た。ドコモはシェアを落とし、Ｊ-フォンが伸ばす。ドコモ内部に危機感が走るが、「端末価格は不当に安くしない」という販売方針はすぐに変えられることはなかった。

一方ドコモのＣＭキャラクターである広末涼子は、四月から始まる月曜九時のドラマ「リップスティック」に主役で登場。野島伸司の脚本に三上博史との共演という目玉企画に抜擢《ばってき》されるが、ドラマ撮影のため大学に行けない日々が続き、最初の登校日が六月二十六日となってしまった。ＴＶや新聞にも大々的に取り上げられるが、それがかえって過剰なバッシングにつながる。浪人生の娘を持つ母親から、ドコモに投書がきた。

「推薦で入学しているのに、大学にいかないでドラマやCMに出演しているのは教育上、よくないと思います」

携帯電話戦争は、タレントの好感度を競う戦いという様相を呈していった。

九九年の五月、ドコモのシェアが関東地区で初めて五〇パーセントを切った。J－フォンとの差は一〇パーセントと迫ってきた。

J－フォンは、関東では売れっ子の藤原紀香をCMに起用、携帯を使っている紀香がその顔を剝《は》ぐと、他の女性もすべて紀香という大胆なCMで話題をさらった。若い層を狙《ねら》った戦略が、この九九年の五月に実を結んだのだ。

ドコモ内部に震撼《しんかん》が走った。早速原因を究明して対策を練るべく緊急会議が開かれたが、どこの企業でも「犯人探し」をする傾向はある。iモードが発売されたばかりとあって、なんと我がiモードが犯人扱いされたのだ。

「iモードのCMばかり流すから、ドコモのほかの二〇六や二〇七のシリーズは売らないのかと思われていますよ」

「iモードはもっとビジネスマン向けに広告したほうがいいんじゃないのか。織田君はあっちの人になったけど」

「四月、五月という新入社員や新入生に売れる時期にシェアを落としたということは、もっと若向けにしないと。モバイルバンキングとか言っている場合じゃないんじゃないの」

結局、広末を使ってシティフォンのCMを急遽《きゅうきょ》流すことに決定した。基本料も安く、端末も安い商品で若者に訴求しようということになる。わずか四日でCMの企画から制作までを行い、翌週からそれを流すという離れ業を宣伝部は決行するのだ。

遅れていた松下製のiモードがようやく五月二十四日から販売され、これで富士通、NEC、三菱、松下というラインナップが出揃《でそろ》った。端末価格も少しずつこなれてきて、六月に入ると市場価格は二万円台を切るところも出てきた。

そのせいか、この頃にはついに一日一万台を突破するようになった。

「一日一万台売れれば、一年で三百万台、三年で約一千万台ですから」

榎は当初、こんな読みをしていた。ところが予想の一割、二割しか売れない。経営陣からは下方修正したらと言われ続けていた。

六月の末に五十万台を突破したとき、これはいけるという光が見えてきた。やっと軌道に乗ったというところだ。この頃から私や榎への取材が増え、iモードは順調に契約数を伸ばしていくようになる。

気がつけば、私はまた目の前のハードルを越えることに夢中になっていた。

マタニティ・ブルーもいつのまにか収まっていた。

あれは、私の「誉《ほ》めてもらいたい病」だったのだ。誉められて嬉《うれ》しいのは子供だけではない。大人だって、誉めてもらいたい。特に本気で物事に取り組み、それがうまく回転しているように思えないときには。世間からの賞賛がないぶん、身近な人の誉め言葉を欲するのだ。でも、それももういい。

私は退社の時期を、発売一周年のあとに延ばすことにした。一周年記念のパーティを花道に、そのときまではとにかくできるだけ「売る」ことに徹しよう。それもまた産後の義務ではあるのだ。

最後の赤いバラ

私は赤いバラの花束に顔を埋めた。

iモード発売一周年のパーティを一ヶ月前に済ませ、三月三十一日のきょうをもって、私はドコモを退社する。

昨年の八月八日、iモードは百万台を突破した。

「末広がりの八の日に百万台を突破しました」

榎は経営会議で、こう報告した。

「発売が九九年の二月二十二日のぞろ目なら、百万台も八月八日と八のぞろ目、二百万台は十一月十一日ですかね」

こんな冗談も出るほど、重役たちは上機嫌だ。

立川社長からも「おめでとう」のメールが届いた。「わずか五ヶ月半で百万台を突破するのは、快挙です。おめでとう。お祝いをやりましょう」

副社長や、いろんな部署の部長からも次々とメールが届く。

夏野の表情もいつになく明るい。

「百万台をクリティカル・マス（そこを超えればあとは大量に増えていく境目）と言って、ここまでは息を抜けないけど、ここを突破したら、販売のペースは上がっていくんですよ。

やりましたね、真理さん！」

夏野のこんな言葉を聞いたあと、私は、久しぶりに外の空気を思いきり吸ってみたくなり、外に出た。

朝から快晴の空は、どこまでも青く澄み切っている。その青に鉛筆で何本もの線を引いたように、電線が横切っていく。そのくっきりと描かれた線を目でたどっていたとき、私の身体《からだ》に、まさに電気に打たれたような稲妻が走った。

あれは何だったのだろう。身体を電気が走りぬけたその瞬間、私は自分の役割が終わったことに気づいたのだ。

iモードを社会に認知してもらうために、開発者の鎧《よろい》をまとってやってきたが、もうそんな重い鎧は脱ぎ捨てていいんだよと、誰かが教えてくれたようでもあった。

もう大丈夫。iモードという子供は、私の手を離れ、何百万人もの人に愛されるためにテイク・オフし、空高く舞いあがる軌道に乗ったのだ。

そう。あの啓示を受けた八月以降、私は「iモード旋風」とでもいうべき嵐《あらし》のなかに巻き込まれてしまっていた。

十月にはドコモ社内の技術部門の社長賞である「R&D賞」を受賞。その賞を私がリーダーで受賞することが決まると、ある部長は榎にこう尋ねた。

「ところで松永さんは、どんな技術を開発なさったんですか」

聞きようによっては、皮肉とも取れるこんな質問に榎は真顔で、こう答えてくれた。

「真理さんは、これまでにない新しいサービスを開発してくれたんですよ」

「へえ……」

その合間にもｉモードはどんどん売り上げを伸ばし、十月十八日には二百万台を突破した。

そして十二月にはなんと、この私が「日経ウーマン」主催の「ウーマン・オブ・ザ・イヤー」に選ばれた。

受賞を二人の姉に知らせると上の姉はつくづくと言った。

「三人姉妹のなかで一番お勉強のできなかった真理ちゃんが、ウーマン・オブ・ザ・イヤーをもらうなんて、人生わからないものねえ」

三百万台を突破すると、海外からの取材も増え、立川社長は『ビジネス・ウイーク』の「世界の経営者二十五人」の一人に選出された。

ホテル・オークラで行われた一周年記念パーティは、七百名を超える関係者が出席するという大盛況のうちに終わった。おみやげに配ったｉモードのロゴ入り月餅《げっぺい》が大いに受け、お客様からお礼の言葉が相次いだ。

三月十五日には五百万台を突破。

そんな嬉しい慌《あわただ》しさのなか、退職の三月三十一日はやってきた。

「本日をもって退職することになりました、松永です」

退社の日、少しずつ人のいなくなるオフィスでゲートウェイ部のメンバーに向けてメールを書き始めた。

「私がドコモにきたとき、ゲートウェイ部はわずか七人の部隊でした。榎さんのもと、志願兵の五人衆に川端さんといういびつな組織でした。そこにわけのわからない松永が加わり、もっとわけのわからない夏野さんが入って、いびつさはどんどん加速する一方でした。でも、少しずつ組織の形ができてきて、地域ドコモからも次々に派遣メンバーがやってきて、いまではもう立派な一大組織にまで成長しました」

榎一人から始まった部は、大きく成長し、いまや世界から注目される存在にまで育った。

「窓際に座っているのに、恐ろしく机が乱れ、一人冬時間（いつも、朝遅くてごめんなさい）を採用していると言われ、皆さんにとっては摩訶《まか》不思議な部長に映っていたのではないかと思います」

私に部長としての貫禄《かんろく》はないだろう。でもドコモで人の編集をやり、化学変化をうながす触媒の役割は果たせた。

「情報機器もまともに操作できない私を、まるで〝僕が君のバリアフリーになるよ〟と『ビューティフル・ライフ』の中で言った木村拓哉のように、皆さんが優しく押してくださったこと、本当に嬉しかったです。この三年間は、それはそれはビューティフルな、ビューティフルなドコモ生活でした。実際はおにぎり、ラ王生活ではありましたが。本当にありがとうございました。それでは、またいつかどこかで」

メールを書き終え、パソコンのスイッチを切ると画面はいきなり暗くなった。ふと目を上げると、いまはもうだれもいないゲートウェイ部のがらんとした部屋にドコモでの幾つものシーンが重なり、閉じた目のなかに残像として残っていった。

深夜、赤いバラの花束を抱えて会社を出るとき、私はしびれるほどの充実感を身体中に感じていた。

私の三年間の「事件」は、こうして幕を閉じた。でもドラマと違い人生は、これから先もずっとずっと続いていく。いいことばかりが続くわけでもない。でもメンバーにとって、この三年の経験は貴重な宝物として、いつまでも彼らの心を輝かせてくれるに違いない。

私が退職したあと、それぞれはどうなったのか。

リーダーの榎は、今年の五月『ビジネス・ウイーク』の「Ｅビジネスにおいて最も影響を与えた世界の二十五人」に選ばれた。六月には役員に就任。

テレビ出演を含むマスコミに頻繁に登場するようになったため、自宅近くのパチンコ屋にいてさえ見知らぬ人から声をかけられ、「顔が知られるのもよしあしですね」。

川端正樹部長は、私が退社した翌日、ＮＥＣの出向からドコモの社員になった。五十歳のぴかぴかの新入社員の誕生である。

栗田はエンタテインメント系のコンテンツを一手に担当。今ではほとんどのゲーム会社が参画することになり、打ち合わせに次ぐ打ち合わせで多忙をきわめる毎日。

笹川は「結婚します」と宣言してはや二年。長い婚約生活がいまも続いている。結婚した暁には念願の重役への道をひた走ることだろう。ユーモアと優しさと演歌「兄弟船」を武器に。

課長の原田由佳は五月二十四日に待望の第二子を出産。九七年八月のゲートウェイ部発足時からいつも支えあってきた同士の快挙に乾杯！　おめでとう由佳ちゃん。

夏野はいまも世界中を飛び回る毎日。欧州への一泊三日の出張など日常茶飯事で、日本に半日いると思うとすぐに北欧へと旅立つ。

「ＩＴの世界は立ち止まったら終わりです」と、どうにも止まらない夏野の仕事のスピードはますます加速中だ。

松永真理こと私は、この九月に女性のためのサイトを立ち上げる。ＩＴ業界に疎かった私が、ＩＴ業界に殴りこみ、ではなくその片隅で生きている。

ｉモードができるまでには、もちろん多くの人が関わっている。

制作の只中《ただなか》にいた人間として、あの三年間はあまりに強烈だった。それゆえ、その期間のことを、私の視点で記しておきたかった。

もちろん、関わった人すべての視点があり、それは微妙に食い違っていることだろう。だから、あくまでこの本は、「私」のｉモードである。

『七人の侍』を引き合いに出してはいるが、これも決して七人だけが作ったというわけではない。リーダー、コンテンツ企画、技術陣、参謀役、女房役、暴れ馬、そして次代を担う若手組といった七つの役割を象徴したものである。

　またこの本を書くにあたっては、何人もの方にお世話になった。改めて取材してみると、当時は知り得なかったことがわかったり、事実が違った色合いで浮かび上がったりすることが数多くあった。それもまた、私には楽しい冒険だった。つまりこの本を書くに当たってさまざまな人に話を聞く過程は、「ＨＴＭＬが書けない」私が、なぜｉモードという素晴らしいものを作ることができたか、その謎《なぞ》を解く過程でもあった。

　特に榎啓一さん、徳広清志さん、夏野剛さん、三人の若手の皆さんには、改めて取材させていただき、感謝するばかりである。当時は苦しめられたマッキンゼーとの議論だが、今となってはそれもいい思い出である。ありがとうございました。最後に、出版にあたっては、中原悦子さん、堀内大示さん、郡司珠子さんにお世話になった。ｉモードが『七人の侍』で創ったサービスなら、この本は「ｉモード　カルテット」で完成した作品である。ここでも、協奏を存分に楽しませていただいた。心より御礼申し上げる。

平成十二年六月

松永　真理

文庫版あとがき

私をめぐる「iモード事件」はこうして幕を閉じる、はずであった。

ところが、その後どういう訳か、私の事件では済まない事態へと発展していった。

ドコモを退社するとき、ある幹部からこう聞かれたことがある。

「リクルートからドコモに移って、この三年間はカルチャーショックの連続だったでしょう？」

私は、すぐに答える。

「そうですね、判断の基準が大きく違う場面もあってショックは続きましたね」

すると、隣にいる榎がすかさず言葉をはさむ。

「でも、ショックの大きさはドコモ側のほうが大きかったと思いますよ」

カルチャーショックというのは、片方だけが感じるものではない。それと同様に、私の〝とらばーゆ〟は私にとってだけでなく、ドコモにとってもひとつの事件となっていったのである。

また、この事件は海外にまで飛び火した。

「フォーチュン」誌が私にインタビューを依頼してきたのは、私がドコモを辞めて一ケ月経った二〇〇〇年五月のことである。ところが、その頃はこの本を執筆していて、とても取材に応じられる余裕がなかった。それで、ずっとお断りしていたのだが、本を書き終わったらぜひ取材させて欲しい、ということだった。

七月のある日、そのインタビューは行われた。ジム・ロウワーというその記者は、私のインタビューのためにわざわざ香港からやってきて、しかも、まだ出版したばかりの『iモード事件』をフォーチュンの日本人スタッフにすべて英訳してもらった分厚いコピーを持っていた。本を拾い読みだけして取材する日本人記者が多かったのに対して、彼はそのコピーを読破していた。

「まず、あなたのどのアイデアが今のiモードに結びついたのか?」

「いや、私のアイデアなんかじゃない。私の存在だ」

そう言って私は、意味を説明した。

三年ドコモにいても携帯電話をまともに使いこなせないほど、私は情報機器の操作が苦手である。周りの人はもともと長《た》けている上に、お互い切磋琢磨《せっさたくま》するからますます操作に磨きがかかっていく。しかし、私はいつまでも初心者で居続けたから、ユーザーと乖離《かいり》しないで済み、優秀な技術者たちが私の視線まで降りてきてiモードを開発してくれたのだ、と。

そのインタビューは数々受けた中でも、もっとも刺激あふれるもので、その日五社目で夜の九時からスタートしたにも拘《かか》わらず、私の疲れはどこかに吹き飛んでいた。

そして、ジムが書いた記事は、iモードが何であるのかを鋭く評論したものであった。この評論が功を奏して、私はフォーチュン誌の「モースト　パワフル　ウーマン」アジア一位に選ばれたのである。

今年五月、『iモード事件』の台湾版が出版された時に台湾で成功した女性との対談を行ったが、そこでもこの「フォーチュン」誌のことが話題になった。

「アジア二位になったのが台湾の会社のトップの女性で、彼女は大変なお金持ちなので、一位のあなたはもっとお金持ちなのかと思いました」

「フォーチュンには財産という意味と幸運という意味がありますが、巨万の富はなかった代わりに、幸運が舞い込みました」

そう説明すると、私のカジュアルな服装を上から下まで見て、「よくわかります」と納得していた。

ただ、私はこの本を書いて「ITの人間ではない」自分を赤裸々に、それこそ恥を承知で述べることで勘違いが納まることを願っていた。それなのに、その勘違いは世界まで広がってしまい、戸惑いを隠せないでいることもまた事実である。

この一年で、ドコモも大きく変わった。

私が退職した初年度iモードは五〇〇万台だったのに、二年度で二〇〇〇万台まで一気に伸び、この七月には二五〇〇万台を突破するまでの勢いとなっている。

リーダーの榎啓一は、国内外で数々の表彰を受け、先月はワシントンでの授賞式にタキシードで出席。今では一四〇人のメンバーを抱え、iモードの国際展開も担当し、責務はひたすら広く重くなる一方である。

「真理さんはいい時に辞めましたよ」というのが、榎のいつもの口ぐせである。

川端正樹の気苦労も、絶えることはない。iモードの契約数が伸びていくのをみんなが喜んでいるそばで、ひとり肩の荷が重くなっていく守護神・川端。去年の五月は一ヶ月家に帰らず、一週間一睡もせず、サーバーを守り抜く。「システムを担当する者の、これは宿命ですな」。

笹川貴生は、「本当に自転車に乗っていたんですか？」が挨拶《あいさつ》がわりになるくらい、この本ですっかりキャラクターが定着。長い婚約期間を終え、この夏に晴れて結婚。「僕って、ついてるんですよ。一回目の応募で、公団住宅に当たりました」と、不思議なほど庶民派サラリーマンが板についている。

栗田穣崇は、iモードゲームの仕掛人としてゲーム誌に連載をもち、有名クリエイターの対談相手も務める存在に。ドコモの新会社であるドコモ・ドットコムへ移り、得意のエンタテインメント系のコンテンツを中心にコンサルタントをつとめる。「深夜三時に家に帰っても、それから朝の六時までゲーマーしてます」。

原田由佳は、第二子を出産後すぐに復帰して、栗田と同じドコモ・ドットコムへ。「最初の子の時に一年育児休暇を取ったら、途中で飽きちゃったから」。原田課長の出産を隣で見ていたメンバーの荒地のぞみもこの四月第一子を誕生。iモードは出生率を上げることにも貢献。

徳広清志は、サービス開始後すぐに人事部へ異動、後任の高木一裕にバトンを渡す。徳広と高木の夜を徹した見事なまでの連携プレーなくして、iモード事業は成立しえない。この本の最後の獅子奮迅のがんばりが効いたのか、「ようやく息子たちが仕事を理解してくれて、我が家で居場所ができましたよ」。

そして、夏野剛は、いまでも年間三十回以上の海外出張をこなし、相変わらず世界を飛び回る毎日。去年十二月に出版した著書『iモード・ストラテジー』（日経BP）は、「iモード事件を解くカギがここにある」と言わしめた本で、夏野がiモードでやりたかったことがひしひしと伝わってくる。「ビジネス・ウイーク」誌の「The e.biz25」で世界のe-businessで最も影響を及ぼした二十五人に選ばれる。

iモードに関わった多くの人の実名をもっと載せようとしたら、出版社から「読むのは社内の人より社外の人が多いので勘弁して欲しい」と言われてしまった。それだけが、今でも口惜しい。でも、名前は出なかったものの、「このカギ括弧の言葉は私が言ったことだけど、これは誰だっけ？」とドコモ社内で話題になったのは実に嬉《うれ》しいできごとだった。

また、この本では映画『七人の侍』に例えて、リーダー、参謀役、女房役、暴れ馬、そして、次代を担う若手組といった七つの役割を象徴してみた。すると読者のかたから、五十代のプロジェクトを率いる責任者は榎に、三十代、四十代の管理職は夏野や川端や徳広に、そして二十代の若手は笹川や栗田に、それぞれ「自分を投影しながら読みました」という感想を寄せてもらえたことも、望外の喜びであった。

ｉモードをめぐっての事件は第一幕が終わったばかりで、まだまだこれからも続いていく。このプロジェクトに関わってくださる多くの方々に、心より御礼申し上げたい。

平成十三年七月

松永　真理

解説

中森明夫

その名前を目にすると元気になる人物というのがいる。たとえば、イチロー。会社帰りのサラリーマンは「イチロー、またヒット！」の夕刊紙の見出しに、へえイチローは海の向こうで今日もカッとばしてんなあ、よ〜しオレもがんばるゾッ、と思わず元気になる。あるいは、新庄。「新庄、爆笑パフォーマンス⁉」。イチローのようなエリート社員にゃなれない社内のアウトサイダーくんが、新庄がアレだけやれるんならオレだって……と励まされる。これがOLとなるとどうだろう？　きっと、そう……松永真理！　働く女たちにとっては「松永真理」という名前を目にするだけで、思わず元気になる。わくわくする。心がパッと晴れやかな気分になる。実際、私が「取材で松永真理さんに会ったよ」とふともらすと、二十代や三十代の働く女性たちは「えっ、本当にぃ⁉　ステキな人だったでしょ〜‼」と瞳《ひとみ》をキラキラと輝かせたものだ。それほどに〝松永真理〟効果というのはスゴイものがあるのだと思い知らされた。

松永真理、とはもはや一人の女の名前であることを超えてしまった。それは現代のサクセスストーリー（成功物語）のタイトル、あるいは働く女たちにとってのフェアリー・テイル（おとぎ話）の主人公のような輝きを帯びている。平成最大のメガヒット商品の開発者、今では誰もが手に持つあのiモードの「産みの母」として……。大げさではない。手のひらの中に収まるほんの一〇〇gほどの小さな機械、それがこの国のコミュニケーションの形を決定的に変えてしまった。手のひらの中の革命——その革命のジャンヌ・ダルクこそが松永真理なのだ。iモードの功績により彼女は『日経ウーマン』主催の第一回ウーマン・オブ・ザ・イヤーに輝き、さらには米国『フォーチュン』誌主催のモースト・パワフル・ウーマン・イン・ビジネスでアジア第一位に選出される。そう、今や松永真理は世界一有名な日本人ビジネス・ウーマンとなったのだ！

まさにそれは事件だった。あなたが今、手にするこの小さな本の中にiモードが誕生するまでの秘話が、事件の顚末《てんまつ》が詳細に記されている。これは痛快なビジネス活劇だ。勤続二十年の雑誌編集者が四二歳にして突如ヘッドハンティングされて、『とらばーゆ』の編集長がとらばーゆする。NTTドコモで新型携帯電話のコンテンツを開発する。まったくの機械オンチの彼女がビジネス用語やテクノロジー用語と大衝突、コミュニケーションの道具を作る場でコミュニケーションが成り立たぬドタバタ劇の滑稽《こっけい》さ。随所で冴《さ》えるその〝見立て〟が面白い。映画『七人の侍』になぞらえ、開発チームのリーダーの榎啓一を志《し》村喬《むらたかし》の扮《ふん》する勘兵衛に、遅れて参加する夏野剛を三船敏郎《みふねとしろう》の菊千代に見立てる。すると自身は千秋実《ちあきみのる》の演じる平八で、剣の腕（技術）は弱いが明るさだけが取り柄と笑った。なるほど松永真理の周囲にはいつも明るい笑い声がたえない。ホテル西洋のスイートを借りきり、ギューカイ人らを招集して連夜のブレスト・パーティ三昧《ざんまい》。「いいサービスを作るには？」と上司に問われ「リラックスできる低いソファーで、いつでも冷たいビールの飲める会議室が欲しい」と社内に〝クラブ真理〟をオープン、にぎやかにカラオケをがなる。笑ってるばかりじゃない。日経新聞の一面を飾るかと記者会見を開けば取材者はたったの七人!? その後広末涼子を呼び一大発表会にマスコミが殺到してみごとリベンジを果たした。お歴々を前にして榎啓一も言うように「この会議室にいる人じゃない、あなたたちの娘や息子のために作るんです！」と威勢のいいタンカを切る。……いや、『七人の侍』というより、どうしてコレが月曜夜九時台のフジテレビでドラマ化されないのか不思議なくらいだ。と御本人に伝えると「でしょ、でしょ？ ドラマ化される場合はね、榎が役所公司で、夏野がキムタク（木村拓哉）かな、笹川くんはタッキー（滝沢秀明）がいいって言うのよね」と笑った。すると真理さんは？ 黒木瞳か、財前直見？ 黒木瞳なら榎（役所公司）との不倫みたいな『失楽園』的な尾ヒレがつけられちゃいそうだし、財前直見だと〝クラブ真理〟のシーンなんかまるっきり『お水の花道』だ!? すると御本人は――。

「私の役はね……メグ・ライアン！」

だって。カックンときた。なるほどドラマ化が実現しないわけだ。真理さん、ワガママすぎるよ、メグ・ライアンが自分の役じゃなきゃ嫌《や》だなんて。

「でもね……市原悦子だなんて言われるのよ～」

と彼女はすかさず笑う。えっ、それじゃ『家政婦は見た／iモード殺人事件』だって⁉と、まあ冗談はさておき（笑）、いや、冗談じゃなくよーくわかる。さながらメグ・ライアン主演のハリウッド映画のような、アメリカの元気なビジネス・ウーマンのラブ・コメディのような明るい華やかさがこの本にはある。iモードが通信機器の革命児であったように、この『iモード事件』もまたビジネス書の常識を覆してしまった。いや、はたしてコレはビジネス書なんだろうか？　話題のNHK番組に『プロジェクトX』というのがある。戦後ニッポンの技術開発に賭《か》けた男たちの感動ドキュメンタリーなのだが、情念たっぷりな中島みゆきのテーマ曲がお父さんたちの涙を誘う。対照的に松永真理の『iモード事件』の背景にはいつも軽快で心弾むアメリカン・ポップスの調べが流れているようだ。歌謡曲からJポップへ。お父さんたちのポマード臭い旧ビジネス書から、新時代の〝Jビジネス本〟の誕生を高らかに告げるかのよう。

松永真理は利用者の立場を貫く。利用者とは誰か？　女子供の「私」だ。そういえば「ワタシにキッス」の『とらばーゆ』を創刊した彼女をはじめ、「自分をほめたい」有森裕子や『ファイト！』の武田麻弓、プリクラ開発の佐々木美穂etc、リクルート出身の女たちが「私」を武器に各界で活躍している。大文字の私＝「I」じゃない、小文字の私＝

「i」から世界を変革すること。ITやIBMの大文字が小文字のiモードに飲み込まれる。iモードは女子供のイタイケなケイタイだ（逆から読んでも「イタイケなケイタイ」!）。「パソコンを使えないと生き残れない」オヤジ発想とまったく逆に。女子供の「私」に使えない機械ならいらない。「私」に使ってもらえるようテクノロジーも早く進化しなさい、と。半端な素人じゃない。半端な素人はすぐ半端なプロに成り下がる。徹底して素人であり続けること。松永真理はプロの「素人」であり、プロの「子供」なのだ。そんなオンナコドモがオトコドコモを引っ張ってゆく。ビル・ゲイツやスティーブ・ジョブズを抜き去り、IT革命のトップの座に躍り出る。

発売一年半で一千万台を突破！ その時、役目を終えた「侍」のように彼女は社を去る。あまりにもカッコよすぎるゼ、真理ねーさん。よっ、日本一のiモードママ♥

〝事件〟の後日談を少々――。篠山紀信《しのやまきしん》氏が写真を撮り、私が文章を書く『週刊SPA!』巻頭の「ニュースな女たち」ページに昨秋、松永真理さんに登場いただいた。その後、私自身にも少なからぬ変革が生じる。いまだパソコンはおろかワープロや携帯電話すら所持していなかったローテク新人類の私が、なんと四十歳にして初めてiモードを購入したのだ！ さっそく真理さんにメールでその報告をすると「うれしい！ 中森さんがiモードの仲間になるなんて」とすぐに返信を頂戴《ちょうだい》した。しばらくして「鈴木その子さんが亡くなったのを御存知ですか？」と真理さんからメールが届く。まだＴＶニュースでさえ流れていないその衝撃の報に、ｉモードの速報性を思い知らされた。鈴木その子さんもまた「ニュースな女たち」に登場いただいている。なんと水着姿で！　その写真はすべてのスポーツ新聞、全ワイドショーで報じられた。彼女は六七歳にして水着姿で時代の最先端に立ったのだ。なるほど鈴木その子さんも、みんながその名前を目にすると元気になる女性だった。六十代の鈴木その子や四十代の松永真理が時代の最先端で輝いている。年齢など関係ない。そう決意すれば、いつも今が転機なのだ——という考え方は後に続く女性たちを大いに励まし勇気づけた。

八〇年代は女の時代とも呼ばれた。男女雇用機会均等法が施行され、アッシー・メッシー・ミッグくんを従えたオヤジギャルらが世を闊歩《かっぽ》した。しかし今や女の時代はバブルと弾《はじ》け、女子の就職難も長期どしゃぶり状況だ。フェミニズムもオヤジギャルも撤退した「女の時代」後に、松永真理は高らかな声を上げる。手のひらに小さな革命の機械を携えて。女たちにばかりじゃない。失なわれた十年——と自信を喪失した日本社会にも新しい指針を与える。みんなを元気にさせるのだ。

「テクノロジーを使うのは生身の人間だということを忘れていない、それが松永真理である」と『フォーチュン』誌は報じた。私の見方と一致している。人間が機械に追いつくのではない。機械こそが人間に従うべきなのだ。女子高生の後についていけばよい、と私は思った。女子高生に扱えないテクノロジーならいらない。まったく充分に進化がたりないのだ。……ということをiモードと松永真理は教えてくれた。

この本を読むとiモードのことがもっと好きになる。男女が愛し合って子供を産むように、これは関係性の新しい機械を誕生させる新世紀のラブストーリーなのだ。今夜、数千万人が親指でメッセージを送り合う。少年は少女に愛を告白し、恋人たちは終電時刻を確認、遠く離れた老夫婦は文字で互いを励ます。この国のコミュニケーションの形を決定的に変えた手のひらの中の小さな機械、その液晶画面の向こうにタフで明るく変化を恐れぬ新時代の女の笑顔が浮かぶ――。

構成／中原悦子

本書は、平成十二年七月、小社より刊行
された単行本を文庫化したものです。

i《アイ》モード事件《じけん》

松永真理《まつながまり》

角川文庫　12059

平成十三年七月二十五日　初版発行
平成十三年八月二十五日　再版発行

発行者——角川歴彦
発行所——株式会社角川書店
東京都千代田区富士見二—十三—三
電話　編集部(〇三)三二三八—八五五五
　　　営業部(〇三)三二三八—八五二一
〒一〇二—八一七七
振替〇〇一三〇—九—一九五二〇八

印刷・製本——e—Bookマニュファクチュアリング
装幀者——杉浦康平

ま 17-2　　ISBN4-04-356602-6　C0195

角川文庫発刊に際して

角川源義

第二次世界大戦の敗北は、軍事力の敗北であった以上に、私たちの若い文化力の敗退であった。私たちの文化が戦争に対して如何に無力であり、単なるあだ花に過ぎなかったかを、私たちは身を以て体験し痛感した。西洋近代文化の摂取にとって、明治以後八十年の歳月は決して短かすぎたとは言えない。にもかかわらず、近代文化の伝統を確立し、自由な批判と柔軟な良識に富む文化層として自らを形成することに私たちは失敗して来た。そしてこれは、各層への文化の普及滲透を任務とする出版人の責任でもあった。

一九四五年以来、私たちは再び振出しに戻り、第一歩から踏み出すことを余儀なくされた。これは大きな不幸ではあるが、反面、これまでの混沌・未熟・歪曲の中にあった我が国の文化に秩序と確たる基礎を齎らすためには絶好の機会でもある。角川書店は、このような祖国の文化的危機にあたり、微力をも顧みず再建の礎石たるべき抱負と決意とをもって出発したが、ここに創立以来の念願を果すべく角川文庫を発刊する。これまで刊行されたあらゆる全集叢書文庫類の長所と短所とを検討し、古今東西の不朽の典籍を、良心的編集のもとに、廉価に、そして書架にふさわしい美本として、多くのひとびとに提供しようとする。しかし私たちは徒らに百科全書的な知識のジレッタントを作ることを目的とせず、あくまで祖国の文化に秩序と再建への道を示し、この文庫を角川書店の栄ある事業として、今後永久に継続発展せしめ、学芸と教養との殿堂として大成せんことを期したい。多くの読書子の愛情ある忠言と支持とによって、この希望と抱負とを完遂せしめられんことを願う。

一九四九年五月三日

角川文庫ベストセラー

女神の日曜日　伊集院　静

日ごと〝遊び〟を追いかけ、日本全国をひとっとび。競輪、競馬、麻雀そして酒場で触れ合う人の喜怒哀楽。男の魅力がつまった痛快エッセイ。

ジゴロ　伊集院　静

17歳の吾郎とそれを見守る大人たち……。渋谷を舞台に、人の生き死に、やさしさ、人生のわけを見つめながら成長する吾郎を描いた青春巨編。

旅人よ！　五木寛之

NY、斑鳩の里、中国へ、様々な人と旅の風景を経て、作家は「倶会一処」の思想にたどり着く。ユーモアと思索にみちた珠玉の一冊。

生きるヒント4《フォー》
本当の自分を探すための12章　五木寛之

いまだに強さ、明るさ、前向き、元気への信仰から抜けきれないのはなぜだろう。不安の時代に自分を信じるための12通りのメッセージ。第四弾！

蓮如物語　五木寛之

最愛の母と生別した幼き布袋丸。別れ際に残した母のことばを胸に幾多の困難を乗り切り、本願寺を再興し民衆に愛された蓮如の生涯を描く感動作。

命甦《よみがえ》る日に
生と死を考える　五木寛之

梅原猛、福永光司、美空ひばり—独自の分野で頂点を極めた十二人と根源的な命について語り合う。力強い知恵と示唆にみちた生きるヒント対話編。

生きるヒント5《ファイブ》
新しい自分を創るための12章　五木寛之

年間二万三千人以上の自殺者を出す、すさまじい「心の戦争」の時代といえるも現在、「生きる」この意味とは、いったい何なのだろう。完結編。

角川文庫ベストセラー

角川文庫ベストセラー

角川文庫ベストセラー

やさしい関係　藤堂志津子

ひとりの男性に抱いた相反する感情。恋という一瞬のときめきが欲しいのか、友情という永遠の休息を求めるのか？　大人の恋愛〝友情〟小説！

有夫恋（ゆうふれん）　時実新子

「ぬけがらの私が妻という演技」など、夫ある女の許されざる恋慕を鋭く切り取り、一大センセーションを巻き起こした時実新子の鮮烈川柳句集。

所ジョージの私ならこうします 世直し改造計画　所ジョージ

右脳を鍛えることをおススメします！　コギャルから人生問題、地球全体のことまでトコロ流、世直し改造計画発表！　世紀末を楽しむための一冊。

探偵事務所 巨大密室　鳥羽亮

次々とビルの屋上から身を投げる女達。これは自殺か他殺か⁉　巧妙に仕組まれた連続殺人事件の謎に、元刑事の探偵・室生が挑む‼

ニューイングランド物語 信号三つの町に暮らして　中井貴惠

夫の留学により米国の片田舎で暮らした著者。そこから得た素晴しい感動と発見を綴ったエッセイ集。海外生活を楽しむヒントが満載！

父の贈りもの　中井貴惠

伝説の銀幕スター・佐田啓二。愛娘が亡き父の記憶を丹念にひもとき、その人間臭い素顔を明かす。感動あふれる家族愛を綴った、珠玉エッセイ！

娘から娘へ　中井貴惠

「娘」だった著者が母となり、「娘たち」に伝えるメッセージを記したはずが、「娘たち」からのメッセージも沢山つまっていた。感動の育児エッセイ。